商店叢書 ⑦⑨

# 連鎖業開店複製流程（增訂二版）

趙永光（杭州） 陳立國（南寧） 黃憲仁（臺北） 編著

憲業企管顧問有限公司　　發行

# 《連鎖業開店複製流程》 增訂二版
# 序 言

　　本書是 2021 年增訂二版，內文更具實務性價值，世界頂級連鎖企業例如麥當勞、肯德基、沃爾瑪、家樂福等成功的秘訣，就是超強的<標準化>、<規模化>、<連鎖化>，連鎖企業的成功奧妙在於，首先要標準化，其次是借助以建店開店為基礎的規模化擴張，

　　我們知道連鎖經營管理的基本原則是：標準化、簡單化、專業化、獨特化，其中最主要的就是標準化，標準化就是專業化、簡單化、獨特化的最大體現，因為連鎖業的最大特徵之一就是具備可複製性，而標準化是複製可成功的必備前提，可以說操作標準化就是連鎖企業執行力的源泉。

　　「規模化」更是連鎖業發展的重要途徑之一，連鎖業透過建店開店實行規模經營，既可以增加企業生產總量和提高市場佔有率，大量採購又可以獲得供應商價格方面的優惠，包括廣告費用在內的部份經營費用不隨企業經營規模的擴大而增加，因此降低了單位商品分攤的固定費用。只有企業規模擴大了，才有能力投資現代化的設施與技術，採用現代化的管理手段，有利於企業品牌的塑造、無形資產的增加和抗禦風險能力的提高。

　　因此，連鎖業的成功奧妙在於，首先要標準化，其次是借助以

建店開店為基礎的規模化擴張，才能提高企業的組織化程度，發揮規模優勢，佔據市場比率，推動技術進步，加大科技含量，實現科學管理，適應企業增長的要求。

本書作者趙永光、陳立國、黃憲仁 3 人都是顧問師，輔導眾多連鎖業，本書是繼撰寫《快速架設連鎖加盟帝國》後的另一本著作，專門介紹連鎖業如何複製展開連鎖開店工作的標準化流程。

**連鎖化經營的發展歷史，進入規模擴張階段，使得企業之間的競爭更加激烈，對於連鎖企業來說，不單是日常業務的「操作標準化」，「開店工作」也要標準化，商店開發可以說是重中之重，許多連鎖業逐漸認識到開店工作需要經驗外，還具有許多共同的規律，並可進一步從量化的角度來考察，進一步形成「開店工作標準化」。本書就是從實務角度將連鎖店開店工作的規律予以歸納、總結，提出可資借鑒的技巧，希望能夠對專業人士有所啟迪。**

本書按照連鎖業的要求，構建了以連鎖經營商店流程為導向的商店開發策略，就複製連鎖店提出可借鑒的技巧，輔以精選案例深入分析，通俗易懂。

本書是 2021 年增訂二版，增加更多案例與應用表格，內文由 299 頁增加到 364 頁。本書是連鎖店輔導專家的成功輔導經驗，結合作者多年來的實戰經驗，重點闡述連鎖店開發的核心問題。把標準化落實到各門店、各部門，進而落實到部門崗位工作，是連鎖企業統一經營的要求，是店面高效、規範運作的基礎，是連鎖企業快速擴張、成功複製的根本，是保障企業持續贏利的關鍵。

2021 年　寫於台灣日月潭

# 《連鎖業開店複製流程》 增訂二版

# 序　言

## 第 1 章　為什麼要複製連鎖店 / 8

第一節　連鎖業開店標準化的必要性 ⸻⸻⸻ 8

第二節　連鎖業的發展戰略 ⸻⸻⸻ 17

第三節　（案例）永和豆漿店的連鎖經營 ⸻ 23

第四節　（案例）麥當勞速食連鎖店 CIS ⸻ 30

## 第 2 章　連鎖業的連鎖店定位 / 34

第一節　商店的市場定位 ⸻⸻⸻ 34

第二節　商店的功能定位 ⸻⸻⸻ 39

第三節　建立樣板店的意義 ⸻⸻⸻ 42

第四節　連鎖經營的店鋪布點要求 ⸻⸻ 44

第五節　（案例）麥當勞的連鎖經營 ⸻⸻ 47

## 第 3 章　連鎖店的開店複製策劃 / 51

第一節　連鎖店的開店複製流程工作 ⸻ 51

第二節　連鎖經營店址選擇的市場評估流程 ┄┄┄ 56

第三節　連鎖店的店址籌備 ┄┄┄┄┄┄┄┄┄ 58

第四節　新開店的分工合作 ┄┄┄┄┄┄┄┄┄ 62

第五節　開店計劃流水表 ┄┄┄┄┄┄┄┄┄┄ 66

第六節　連鎖業新開店的實施順序 ┄┄┄┄┄┄ 69

第七節　連鎖超市開店工作流程 ┄┄┄┄┄┄┄ 78


第 4 章　連鎖店的投資可行性分析/ 82

第一節　新店鋪投資可行性分析內容 ┄┄┄┄┄ 82

第二節　開店投資開發構成分析 ┄┄┄┄┄┄┄ 85

第三節　新店鋪的銷售額預測法 ┄┄┄┄┄┄┄ 91

第四節　新店鋪的獲利額預測 ┄┄┄┄┄┄┄┄ 94

第五節　店鋪開發的盈虧平衡分析 ┄┄┄┄┄┄ 97

第六節　（案例）連鎖新店可行性分析 ┄┄┄┄ 100


第 5 章　連鎖店的開店商圈調查 / 104

第一節　商圈的概念 ┄┄┄┄┄┄┄┄┄┄┄┄ 104

第二節　影響商圈範圍的因素 ┄┄┄┄┄┄┄┄ 106

第三節　商圈分析是開店選址的前提 ┄┄┄┄┄ 109

第四節　如何製作商圈地圖 ┄┄┄┄┄┄┄┄┄ 111

第五節　評估連鎖店的商圈 ┄┄┄┄┄┄┄┄┄ 113

第六節　新開店的商圈銷售額預測 ┄┄┄┄┄┄ 115

第七節　新開店的損益分析判斷 ┄┄┄┄┄┄┄ 118

# 第 6 章　連鎖店的購買力分析 / 122

第一節　商店的顧客購買能力分析 122
第二節　顧客消費習慣分析 126
第三節　客流規律的分析 127
第四節　週邊店聚集情況分析 134
第五節　店址評估匯總 138
第六節　（案例）隆江豬腳飯店賺多少錢 144

# 第 7 章　連鎖業的開店選址 / 148

第一節　連鎖商店開店規劃流程 148
第二節　連鎖店址的選擇 153
第三節　店址調查的操作規範 156
第四節　連鎖店址信息的調查項目 161
第五節　家用電器連鎖業的選址體系 166

# 第 8 章　連鎖店的選址規範 / 169

第一節　電器商店選址操作規範 169
第二節　商店選址流程 174
第三節　拓展選址評分流程 177
第四節　連鎖店的商圈測試規範 181
第五節　（案例）美髮連鎖店的選址 197
第六節　（案例）日本 7-11 便利店的選址 205

## 第 9 章　連鎖業的開店籌備工作 / 210

第一節　連鎖店的籌備進度安排 ⋯⋯⋯⋯⋯ 210

第二節　安排適合的員工 ⋯⋯⋯⋯⋯ 212

第三節　開店進度計劃部門工作流程 ⋯⋯⋯⋯⋯ 215

第四節　（案例）美髮連鎖店介紹 ⋯⋯⋯⋯⋯ 232

## 第 10 章　連鎖商店的裝修作業/ 236

第一節　商店裝修的現場測量要求 ⋯⋯⋯⋯⋯ 236

第二節　選擇裝修商 ⋯⋯⋯⋯⋯ 239

第三節　裝修後的驗收工作 ⋯⋯⋯⋯⋯ 244

第四節　電器連鎖店的新店裝修流程 ⋯⋯⋯⋯⋯ 248

## 第 11 章　連鎖業的店面設計 / 256

第一節　連鎖店面的 SI 終端空間識別 ⋯⋯⋯⋯⋯ 256

第二節　店面設計類型 ⋯⋯⋯⋯⋯ 259

第三節　店面外觀類型 ⋯⋯⋯⋯⋯ 264

第四節　賣場設計的原則 ⋯⋯⋯⋯⋯ 265

第五節　連鎖店外觀的設計原則 ⋯⋯⋯⋯⋯ 270

第六節　連鎖店的店內環境設計 ⋯⋯⋯⋯⋯ 275

## 第 12 章　連鎖店的店內佈局設計 / 281

第一節　連鎖店的店內布局 ⋯⋯⋯⋯⋯ 281

第二節　某連鎖業的展店方案 ⋯⋯⋯⋯⋯ 299

第三節　（案例）7-11 店鋪的變化陳列 ⋯⋯⋯⋯⋯ 302

第四節　（案例）家樂福陳列技巧──────303

# 第 13 章　連鎖業的新店開幕慶祝 / 305

第一節　開幕前的<試營業>──────305

第二節　新開店的工作計劃項目──────311

第三節　連鎖店的開幕慶祝──────313

第四節　新店媒體推廣策略──────321

第五節　開幕活動的宣傳內容──────322

第六節　開業促銷活動設計與實施──────326

第七節　（案例）連鎖超市的開業促銷活動──────333

# 第 *1* 章

# 為什麼要複製連鎖店

## 第一節　連鎖業開店標準化的必要性

連鎖經營，不僅是一種經營形式的改變，而且是商業制度的創新，是商業和流通業的一次革命。

### 一、連鎖經營與連鎖店開發

#### 1. 連鎖經營

一個企業或企業集團，以同樣的方式、同樣的價格、同樣命名的店鋪（店鋪的裝修及商品陳列也相似）出售某一種（類、品牌）商品或提供某一種服務，這種經營模式就稱為連鎖經營。

連鎖經營，不僅是一種經營形式的改變，而且是商業制度的創新，是商業和流通業的一次革命。

連鎖店形成於社會化大生產和商品生產大規模化時期。它脫胎於大工業化生產，是資本集中的產物，是市場壟斷的結果，同時也是消費者多種需求增長的必然結果。實行連鎖，可以擴大產品銷售，同時做到將各地市場的需求資訊回饋到總店，進而回饋給生產商，並組織生產。

連鎖經營是把獨立的、分散的商店聯合起來，形成覆蓋面很廣的大規模銷售體系。它是現代工業發展到一定階段的產物，其實質是把社會大生產的分工理論運用到商業領域裏，他們分工明確，相互協調，形成規模效應，共同提升企業的競爭力。

連鎖經營正風靡全球，在歐、美、日等經濟發達國家和地區商業領域佔據了主導地位，在發展中國家連鎖經營也得到迅速發展。

## 2. 連鎖店開發

連鎖商店(或連鎖店)是連鎖經營模式的存在方式和載體。它是指眾多小規模的、分散的、經營同類商品和服務的同一品牌的零售店，在核心企業的組織領導下，採取共同的經營方針、一致的行銷行動，實行集中採購和分散銷售的有機結合，透過規範化經營，實現規模經濟效益的聯合。其中的核心企業稱為總部、總店成本部，各分散經營的企業叫作分店、分支店或成員店等。

連鎖商店不同於單店、多店，在概念上具有 4 個鮮明的一致性：經營理念連鎖、CIS 企業識別系統連鎖、商品服務連鎖、經營管理連鎖。擁有這 4 個一致性的條件才算具備連鎖經營的基礎，才能真正成為連鎖商店。

連鎖商店開發是指連鎖業開設新店，拓展企業經營區域和服務範圍，提升企業規模，從而擴大效益的經營行為。連鎖商店設計則

是指對商店的整體形象進行創意、設計的創造活動，包括連鎖商店的選址、連鎖商店的 CIS 設計、商店外部的形象設計和商店內部的賣場佈局等內容。

對於一個連鎖體系而言，連鎖商店的開發與設計至關重要。商店開發承擔著連鎖業擴大規模、提高效益、提升競爭力的重要責任。開發一個高品質的商店不僅需要連鎖業進行科學的前期可行性研究，還需要進行正確的選址；不僅需要連鎖業進行科學的內部設計，還需要進行有吸引力的外部設計；不僅需要連鎖業進行良好的 CIS 設計，還需要針對新商店設計出有效的開發推廣策略。

### 3. 連鎖業開店標準化的必要性

縱觀世界頂級連鎖業，如麥當勞、肯德基、沃爾瑪、家樂福等，他們成功的秘訣，都有獨特的核心競爭力，就是超強的標準化執行力。我們知道連鎖經營管理的基本原則是：標準化、簡單化、專業化、獨特化，其中最主要的就是標準化，標準化就是專業化、簡單化、獨特化的最大體現，因為連鎖業的最大特徵之一就是具備可複製性，而標準化是複製的必備前提，可以說操作標準化就是連鎖業執行力的源泉。

「規模化」更是連鎖業發展的重要途徑之一，連鎖業透過建店開店實行規模經營，一是可以增加企業生產總量和提高市場佔有率；二是大量採購可以獲得供應商價格方面的優惠；三是包括廣告費用在內的部份經營費用不隨企業經營規模的擴大而增加，因此降低了單位商品分攤的固定費用；四是只有企業規模擴大了，才有能力投資現代化的設施與技術，採用現代化的管理手段；五是有利於企業品牌的塑造、無形資產的增加和抗禦風險能力的提高。

　　因此，連鎖業只有借助以建店開店為基礎的規模化擴張，才能提高企業的組織化程度，發揮規模優勢，佔據市場比率，推動技術進步，加大科技含量，實現科學管理，適應集約增長的要求。

　　標準化的實質是「透過制定、發佈和實施標準，達到統一」，標準化的目的是「獲得最佳秩序和效益」。

　　透過標準在企業中的貫徹執行，很容易找出企業經營中的問題，向企業提供現行有效的標準體系目錄，指導企業執行。一方面根據企業的需求，透過培訓班等形式，舉辦重點已發佈實施標準的宣講工作，使企業能正確理解標準的內容，指導企業在招商加盟、建設店面等各個環節嚴格貫徹企業標準，提高企業執行標準的自覺性和主動性，增強企業及行業標準化工作的生命力。另一方面探索並推動樣板店的宣傳和貫徹，切實提高企業管理水準，為建立企業榜樣和培育品牌打好扎實的基礎。

　　連鎖業的大規模生產需要標準化，連鎖店建設週期和連鎖店的生命週期相當重要。現今的生產模式是多樣化和定制式的產品代替了標準化產品，但是連鎖經營這一商業模式從統一的市場中迅速成長，逐漸形成大規模生產而轉向一個新的生產模式，我們把這個新的生產模式運用在連鎖經營領域，稱其為連鎖店的大規模生產。

　　標準化的方法和原理，對連鎖店的大規模生產是極其有用的，用標準化連鎖店擴張，按市場需求進行建設，就能形成連鎖經營體系。採取這樣的生產模式，既可滿足企業擴張的需求，又可以促進企業品牌的宣傳，還能形成一定的生產規模，降低成本。

　　建店開店的標準化是根本保障，只有具體到建店開店的各個細節的標準化才能做到迅速地複製，才能統一企業的品牌與形象，所

以我們強調建店開店必須標準化，要透過流程、規範和表單去建立和完善連鎖業的運營體系。

## 二、連鎖店開發遵循的原則

在日趨激烈的市場競爭中，零售企業要想只靠一家店就取得經營的成功越來越難，許多企業已認識到發展多家店鋪的重要性。連鎖業之所以能夠迅速發展，就在於其強大的繁殖力。它透過分店的快速複製，從無到有，由點到線，並彙集成面，由原有的單店擴展到多店並輻射至國內外各地。由此可見，分店開發是連鎖店經營中發展戰略的核心部份。

從著名連鎖店分店開發方式看，麥當勞相對獨立，週圍沒有輔助店，肯德基主要在大型購物中心內租賃地方開店，華聯商廈一般開在繁華商業街上。有些專賣店連鎖業由於分店本身沒有能力吸引足夠的客流，就將店址設在大型購物廣場裏。縱然連鎖店分店開發讓人眼花繚亂，是有一定原則可以遵循：

### 1. 貼近顧客原則

無論什麼類型的連鎖店或那個行業的連鎖店，貼近顧客都是基本要求。連鎖業可以透過分店開發來擴大經營網點，更多地建立企業與顧客的聯繫點，滿足大多數顧客消費的要求。「接近顧客就是贏家」，要實現該目的，企業分店開發必須滿足貼近顧客、方便消費的原則。在這方面主要有兩點：一是所開分店能最大限度地節省顧客購物的時間。例如，速食店開在購物中心、車站、碼頭、公園、辦公區旁邊、鬧市口旁邊，可以方便顧客、遊客、辦公人員就餐。

如果是副食連鎖店，應該開在居民區，並考慮居民上下班時間，方便居民在上下班前後購買。關鍵要求是連鎖店在分店開發時能爭取直接面對自己的目標顧客。另一方面分店開發還應充分把握顧客的購物心理。例如，有的顧客在採購日用生活品時，常希望一次購齊，因此，如果擬開設的分店只能滿足一部份要求，則不妨將分店設在經營其他商品的商店附近，實現優勢互補。貼近顧客、方便顧客消費是連鎖店經營的宗旨。

### 2. 有利於配送中心供貨原則

因為連鎖店採用統一採購、集中供貨管理方式，這樣可以獲取批量折扣，降低採購成本，能合理規劃運輸路線，降低運輸成本，從而達到獲得規模效益的目的。

因此，企業在開發分店時，必須考慮分店與配送中心的距離或與之相配套的交通暢通等問題。首先要考慮配送中心是否有能力為分店供貨，運輸費用是否合適，交通路線是否暢通。配送中心一方面要保證週圍各家分店的貨源供應，另一方面，還要在各分店間調劑商品餘缺，任務十分繁重。每開一家分店都要增加配送中心的工作量。所以，要考慮以配送中心的供貨能力範圍為半徑，作一個圓圈，所開分店應均勻散佈於圓圈之內，還要考慮配送中心向分店供貨的運輸路線是否合理。例如，分佈在運輸幹線上的分店顯然優於非幹線沿線的分店。這不僅可以節省運輸成本，還可以保證缺貨的及時供給，甚至給相鄰分店間餘缺商品的調劑都帶來方便。

### 3. 長期規劃原則

連鎖店開發必須要有長遠規劃，因為連鎖業的宗旨就是擴大市場佔有率，發展壯大自己的產業鏈。如果新開分店佈局雜亂無章，

無統一規則，無統一要求，將不利於企業長期發展，甚至減小或削弱自己的勢力，從而失去競爭力。在開分店時要注意兩個連鎖店之間的距離不能太近，商圈內發生重疊會影響彼此的經營效果或產生自己在商圈內競爭的結果，最終會對整個連鎖業發展產生不利影響。因此，為確保本身的利益，應在連鎖店發展規劃中附加「不得在方圓 2km 以內開設自己的第二家分店」的條文。對非同一連鎖業的商店，儘管在新區域已有同行業企業開設分店，同樣也可以在該地區選擇開店，開展競爭。只要自己經營有特色，同樣能佔領市場。

## 4. 配合業態類型原則

　　不同的業態，在開發連鎖分店時有不同的要求。連鎖經營企業應根據自己業態類型特點選擇合適的地點開設分店。不能盲目追求繁華或單一經營思想，對分店週圍的狀況瞭解不透就開分店。例如，服裝店要開在繁華地段人員密集的商廈中或商業街上；速食店要開在人口流動密集的地方；洗染店要開在固定人口密集的地方；銷售大眾日用品和副食品的連鎖超市要開在缺少商業網點的新村居民區內。連鎖分店在保證連鎖專業化、統一化的前提下，應該結合本身業態類型、區域特色有所變通。例如，超市的「華聯超市就在您身邊」，將其目標顧客定位於市區工薪階層，以日用消費為主要經營特色。但它並沒有機械地選擇工人新村，而是考慮了日用消費品的層次之分。有些銷售規格品種上檔次的商品，例如，帶有精裝盒的餅乾、禮品煙酒、飲品等要在高收入階層居住區開設分店進行銷售。連鎖店根據自己的經營特色選擇合適的地段開分店是配合業態類型不浪費資源和不會形成商圈內重疊的最好體現。同樣的連鎖店，由於不同的特色，均做了大生意。

## 三、連鎖店開發流程

　　不斷開發新店是連鎖店實現長期發展戰略的方式之一。每年都有大量的新店開張，每年也有許多店鋪關門。新店開張自然是經營優良，老店關門都是新店開發時的不謹慎造成的，所以分店開發是一項複雜的工作。分店開發取決於兩項工作——選址開發業務和店鋪開發業務。

　　從分店店址選定到制訂開發計劃的過程是根據連鎖業的分店開發方針，對具體的分店開發選址候補地作選定、調查、分析，在確定好店址的基礎上做好開發計劃，準備好需要的物料及設備。選址開發業務主要以店址選擇為中心，主要業務流程如圖 1-1-1 所示。

### 圖 1-1-1　分店選址開發業務流程

| 分店開發方針 | → | 位置選定 | → | 商圈調查 | → | 開店計劃 | → | 物料保證 |

　　有關分店開發業務，按上述流程進行物料配置和其他方面的工作。如：店內外裝飾、店內佈局、POS 系統機設施安裝、其他設備安裝、向工商行政部門申報設立、進行分店基本建設施工，直到最後分店建成並營業。連鎖店開發業務側重於店址選定後報批、施工等具體工作。工作流程如圖 1-1-2 所示。

### 圖 1-1-2　分店開發業務流程

| 開店計劃 | → | 店鋪設計 | → | 申請報批 | → | 施工 | → | 開業 |

連鎖業的分店開發包括很多煩瑣、細緻的工作,但基本上可歸納為上述兩個方面的業務,並且這兩個流程相互是連接的,不是相對獨立的。

# 四、連鎖店經營場所取得方式的選擇

## 1. 承租以合約方式承租

經營一段時間(以 10 年為宜),其優點與購買方式相反,如果是租用,每隔幾年就要調整租金,其租金成倍上漲的缺點卻也令眾多連鎖業備感壓力,有些店鋪甚至不得不關門,把在經營期間已經培育的一大批忠實的顧客丟掉。如深圳萬佳公司的第一家分店在房產租賃期滿後,業主提出要大幅度增加租賃費,最後雙方無法達成協定而迫使萬佳不得不另尋店址。所以說,利用承租經營這種方式,店鋪的繁榮帶來的地價上漲的好處,不能完全屬於店鋪開發者,並且由於房不是自有的,也難以適應由於經營需求而對店鋪進行硬體設施大型改造的需求。

## 2. 購買

購買店鋪所在地點的所有權。此做法的優點是:第一,可永續經營、享受不動產增值的利益,可掌握用途主控權,如果屬於本公司自有,那麼,在向銀行借款時,店鋪可以當做抵押品,便於籌措資金。第二,抵制通貨膨脹的能力強。缺點是資金需求大,如果所有的店鋪建築費用、店面裝修費用和倉庫基礎設施費用全部自己承擔,這將是一筆非常龐大的費用,而且店址的靈活性差,投資風險高。例如,某超市在擴張初期選擇了以自建房產的方式擴展,雖然

避免了租金上漲的風險，但卻造成了資金緊張，擴張速度較慢，錯過了最佳發展時期，最終被華潤收購。當然也正是由於這種擴張模式，使得它儘管已經退出商業領域但卻還有不菲的租金收益。

### 3. 店鋪專業或者店鋪加不動產

店鋪專業指經營者專一經營店鋪，不涉及其他行業，自己開店鋪需要多大面積就開發多大面積。不會開發多餘的面積。

店鋪加不動產指經營者在經營店鋪的同時，還兼營不動產業。因為一般店鋪開業之後，會帶動附近地價上漲。部份連鎖業所租的面積比自己經營所需的面積大一倍，多餘面積用於轉租，由於週邊地價上漲，二房東租金的溢價就遠遠超過了自己的初始租金，當然前提是該連鎖業必須有能力提升週邊地價。

# 第二節　連鎖業的發展戰略

## 一、制約連鎖擴張速度的條件

連鎖業是一個進入與退出壁壘相對較低的行業，這是因為店鋪相互之間容易模仿。如果一種經營模式等到完全成熟，連鎖商才考慮擴張，那麼也許會因為等得太久而被他人搶先，從而失去競爭優勢。而且連鎖業也是一種規模出效益的行業，這些都決定了連鎖商會盡力拓展自己的事業，加快開店步伐。然而沒有基礎的盲目擴張有時會適得其反，出現欲速則不達，甚至不堪設想的後果，中國的亞細亞、日本八佰伴企業的失敗就印證了這一點，類似的例子還有

很多。所以，以何種速度進行擴張，需要連鎖商在擴張之初就列入發展戰略規劃中。一般來說，擴張速度取決於三方面：管理基礎、資源條件和市場機會。

## 1. 管理基礎

標準化管理是連鎖經營的必然條件，其目的是確保連鎖店鋪的統一形象，穩定商品品質和服務品質，簡化管理工作，提高管理效率，並控制人為因素對經營管理可能造成的不利影響，從而做到成功模式的標準化複製。所以連鎖業複製成功店鋪模式的時候，首先要明白這家樣板店成功的經驗究竟是什麼，是否真正總結出了其可複製的成功模式，這是對管理基礎的第一個要求。

另外，連鎖業的總部與店鋪是分工的關係，總部對各個商店起管理支持作用，在管理支持 10 家店鋪時，可以應付自如，管理十分到位，可是當管理支持 100 家甚至更多的店鋪時，就可能手足無措漏洞百出了。企業發展階段不同，對管理的要求不同，當企業發展壯大時，組織機構需要重新設計，資訊管理系統需要進行修正和擴容，倉儲和配送等能力也要跟進。當這一切尚未準備好時，盲目的擴張會帶來不良的後果。可能出現的情況是店鋪開得越多，虧損越大，所以有人說：總部有多強大，店鋪就能走多遠、這是對管理基礎的第二個要求。

## 2. 資源條件

連鎖業還要考慮擴張所需的各種資源狀況，也包括資金實力是否雄厚，人力資源是否足夠，資訊資源是否充足等，這些因素都會制約擴張的步伐乃至以後的經營業績。

### 3. 市場機會

擴張速度還取決於機會本身，如果市場機會轉瞬即逝，或錯過了一個店址機會將損失巨大，連鎖業也許會貿然前行，因為對它而言，為了不喪失或許是千載難逢的機會，即使犧牲眼前的利益也是值得的。當然盲目跟進和謹小慎微的保守做法都是不足取的，連鎖業唯一可行的是在這兩種態度之間權衡利弊，從中找到一個最佳的擴張速度。

## 二、連鎖業發展的路徑選擇

連鎖發展路徑主要有兩種選擇：一種是滾動發展戰略，另一種是收購兼併戰略。這兩種戰略各有利弊，需要企業根據自身實際情況靈活運用。

### 1. 滾動發展戰略

滾動發展戰略是指連鎖業透過自己的投資，建立新的店鋪，透過自身能力逐步發展壯大。這種擴張路徑可以使新店鋪一開始就按照企業統一標準運行，有利於企業的一體化管理，同時原先的經營理念和模式也得到了充分的核對總和修正。但這種方式的前期投入需要較多資金，且連鎖業對新區域的市場有一個瞭解、認識、把握的過程，當地消費者需要時間瞭解、接受新的進入者。

### 2. 收購兼併戰略

收購兼併戰略是指連鎖業採用資本運營的方式，將現有的連鎖業收購、兼併過來，再進行整合，使兼併企業能與母體企業融為一體。隨著店址資源的減少與競爭的加劇，近幾年國內市場一個較為

引人注目的發展動向是兼併盛行，如沃爾瑪收購好又多、國美電器收購永樂大中、華潤收購蘇果等，說明連鎖業的發展路徑已經有所變化，當然這也催生了另外一種連鎖業贏利模式，即從開業的那天起該企業經營的重心就不是如何使每一家店鋪都贏利，而是拼命開店瘋狂佈點，以便佔領店鋪網點資源，一旦企業做到一定規模，就尋找合適的買家將企業售出去贏利。

透過收購兼併，連鎖業比較容易進入一個新市場，而且可以共用資源、擴大顧客基礎、提高生產率和討價還價的實力。然而兼併過來的企業本身的組織結構、管理制度以及企業文化與母體企業相差較大，還需要對其按母體企業的標準進行改造，有一個磨合陣痛期，這同樣需要成本，有時這種改造的代價相當大。

至於連鎖業應該採用何種發展路徑，可以結合自身情況具體而定。一般企業在初創時，實力尚小，更多地採用滾動發展戰略，逐步培養自己的核心能力。等企業發展到一定規模，各方面均已成熟，需要加速發展時，此時可以考慮收購戰略。不論採取那種發展路徑，企業都應該將重點放在內在發展和質的飛躍上，而不僅僅是注意量的擴大。

## 三、連鎖業戰略的選擇

### 1. 滲透式擴張策略

滲透式擴張策略又叫區域集中佈局策略，是指連鎖業集中資源於某一特定地區內開店。這樣做有如下好處：

(1)企業可以將有限的廣告等其他宣傳活動投入到該區域內，節

省廣告費用，提高知名度。

⑵各店鋪集中在一個域內發展，可以根據需要在該區域內設置配送中心，在合理的時間組織配送，減少機會性損失，從而提高配送效率，降低成本。

⑶店鋪集中在一個區域內，總部便於管理，可以節省人力、物力、財力，總部人員可以在同樣的時間內，增加巡迴的次數，使巡迴效率提高，對每一個店鋪的指導時間增加，便於對各店鋪的管理。總部工作人員集中在一個區域內，工作跨度合理，便於各店鋪之間調劑餘缺。可見店鋪集中在一個區域內，可以有效優化總部的管理成本。

⑷店鋪集中在一個區域內，保持本企業在該區域內的絕對競爭優勢，可以使其他的競爭店在本地區難以進入，即使進入，也難以獲得成功，國內最為明顯的是蘇果超市在南京的發展模式。區域集中的佈局策略還必須考慮店鋪規模大小的特點，考慮其商圈輻射的遠近，考慮其店鋪之間合理的距離跨度與銜接等。如大型綜合超市可能在一個區域內只設一家店，而便利店可能要設近百家店。

## 2. 跳躍式擴張策略

跳躍式擴張策略，是指在一段較短時間內在多個主要大城市或值得進入的地區開店，這種戰略的連鎖業往往希望佔領某個大區域市場，先不計成本，不考慮一城一池的得失，往往是考慮網路的建設。而選擇這種模式開店的連鎖業通常會選擇在省會或者沿海大城市(經濟特區)開店。究其原因，是因為這些地區的居民收入普遍較高，市場潛力較大，所以部份企業先發制人，先人為主，以抑制其他公司的進入，這實際上是對未來行為的一種前提。對於這些地

區,企業以後一定會進入,而由於各種競爭關係,未來的進入成本必然高於目前。如果現在就進入該區域,競爭對手少,市場競爭相對較弱,企業可以以較少的投入就在該地區獲得競爭優勢。但是由於分店的位置較遠,因此供應鏈管理便成為這種擴張策略的問題,所以一般來說,接下來企業應盡可能在該地區設連鎖店鋪,這樣不僅可以防止競爭者的加入,而且也有利於配送等各項成本的降低。隨著該地區經濟的發展,企業將獲得更大的利潤。

### 3.競爭戰略的選擇

連鎖業應優先將店鋪開設在商業網點相對不足的地區,或競爭力比較弱的區域,以避開強大競爭對手,站穩腳跟。較偏遠的地區或城市郊區,往往被大型連鎖業所忽略,那裏租金低廉、開店成本低,商業網點相對不足,不能滿足當地居民的需要,在該地區容易形成優勢,取得規模效益,這種思路又被叫做「小城市開大店」的思路。

小城市開大店為什麼能成功,因為這符合了行銷學中一個重要的理論,即搶佔市場第一原則。經過心理學家和行銷學家研究分析之後,發現一個共同的現象,就是在人類的心理階梯裏面最容易記憶的就是搶佔市場第一位的原則。大家不妨思考一下:您所在的城市最高檔的酒店是那家?您所在的城市最大的娛樂城是那家?您所在城市最大的百貨公司又是那家?以上所列舉的種種事例,正好向我們揭示了這個理論。所以,在店鋪開發的策略中如何運用搶佔第一原則,是此處論述的核心。當店鋪不能在大城市或者成熟商業區成為第一,那就在小城市成為第一,因為只有第一才會獲得超額利潤。

　　當然，一味規避競爭選擇網點不足的地點並非好事，除非自身店鋪有足夠的吸引力，否則當地商業網點過少，不容易形成集聚效應，客流會成為問題。所以很多企業往往喜歡紮堆，在比較成熟的商業區開店，這樣客流不是問題。但是企業在此時所要面對的問題是需要在集聚效應與過度競爭之間尋求一種平衡，如果競爭過度可能誰都吃不飽，同時還要考慮自己在競爭對手的包圍中是否具有競爭優勢，是否可以脫穎而已，所以進入成熟商業區要注意理性競爭而且自己的競爭優勢確實能在該商業區有所發揮才行，否則還不如規避競爭。

# 第三節　(案例)永和豆漿店的連鎖經營

　　20 世紀 90 年代末，當肯德基、麥當勞等洋速食登陸中國企並迅速以超過千家店面的規模贏得中國市場時，永和豆漿開始現身內地市場，向「洋速食」發起挑戰，並致力於打造全球中式餐點連鎖第一品牌。目前，永和豆漿在企的店面總數已經達到 150 餘家，其中包括 15 家直營店和 130 餘家加盟連鎖店。2005 年，這些店的總營業額達到 4 億元。永和豆漿的成功，為中式速食的連鎖經營提供了經驗。

## 1. 定位中式速食

　　縱觀麥當勞、肯德基等成功企業，連鎖經營要有一個叫得響的品牌，而品牌背後是一個立得住的產品。

　　開展深入細緻的市場研究，為企業產品準確定位，是建立

連鎖品牌的基礎。在進入市場之初，連鎖業首先要開展深入細緻的市場研究，以便為企業選擇一個獨特的市場位置。此位置：

⑴能使自己與競爭對手有明顯區別；

⑵構成一定的進入壁壘；

⑶能為自己提供超過競爭者的相對優勢。

永和豆漿的推出，是公司進行深入研究和反覆嘗試的結果。正如公司總經理林建雄所說，要做這個品牌並不是我們突發奇想，其實是符合了永和豆漿一貫宣導的健康飲食，把豆漿產品產業化，然後再作延伸的戰略構想。

永和豆漿的淵源要追溯到 20 世紀 50 年代初期。當時，一群祖籍內地遠離家鄉的退役老兵迫於生計，聚集在臺北與永和間的永和中正橋畔，搭起經營速食早點的小棚，磨豆漿、烤燒餅、炸油條，漸漸形成了一片供應早點的攤鋪。因為這些老兵手藝地道，磨出的豆漿新鮮、營養、香濃、可口，做出的燒餅、油條色澤金黃、鬆軟酥脆，以致以豆漿為代表的永和地區的各種小吃店聲名遠播，傳遍全島·至今，在臺灣還有四海豆漿、世界豆漿等源自永和老兵的豆漿店。然而，由於這些傳統小吃全部都是手工作坊式生產，隨著老兵們的相繼離去，後來的產品常常出現名不副實的現象。雖然島內各地自稱源自永和地區的早餐店越開越多，但永和豆漿的影響已日漸減弱，在人們的印象裏，永和豆漿已與街頭巷尾的豆漿攤販毫無二致。

像同時代的許多人一樣，創始人林炳生是從小喝著永和老兵的豆漿、吃著永和老兵的燒餅油條長大的，對它們的日益消退尤為惋惜。「一定要重振永和豆漿的盛名，讓祖國的傳統美食

發揚光大！」於是，林炳生決心以工廠化作業方式讓豆漿的品質有保證，用品牌來經營這一產品！

　　為區別於市面上五花八門打著各種招牌的豆漿產品，真正重煥永和老兵豆漿的聲名，林炳生決定以「永和」為品牌來經營他的豆漿事業。因為，「永和」兩個字不僅是他重振永和老兵豆漿、發揚傳統小吃的初衷，也代表著嚮往安居樂業、幸福美滿的樸素心願。

　　1985 年，林炳生在臺灣取得「永和」豆漿類商品的註冊商標，同年設立食品廠成立弘奇公司，開始機械化批量生產各種濃縮的、袋裝的、罐裝的「永和」豆漿。漸漸地，由半自動化生產到全自動化生產，生產數量逐日上升。每天早晨公司的貨車都按時把豆漿送到各處豆漿店、學校、超市、便利店、賣場。

　　永和豆漿在臺灣家喻戶曉，恢復了它往日的神采。然而，林炳生沒有停止他的追求，他又把目光投向了國際市場。在隨後的幾年裏，永和豆漿陸續打入日本、美國、加拿大、泰國等 20 餘個國家並廣受歡迎，發展成為國際品牌。至此，永和豆漿作為弘奇公司的品牌事業，已逐漸超脫當初永和老兵的街頭小店，成為中華民族傳統美食的代名詞，在世界各地發揚光大。

　　在開拓大陸市場之初，永和豆漿就是以速食連鎖店的形式進入的。這是因為，公司認為大陸擁有愛好豆漿的文化傳統，因此其市場空間是非常廣闊的。大陸人口近 13 億，各省城市人口少則百萬，多則幾千萬，雖然市場早已從賣方市場轉變為買方市場，傳統的餐飲行業已達到了空前的繁榮與飽和，但在其背後仍然潛藏著商機，那就是健康速食。

隨著中國經濟的發展，人民物質生活水準的提高，中國人不再只滿足於溫飽的生活環境，而是越來越講究生活的品質，如用餐時注重用餐環境，注重食物營養的搭配，注重飲食的健康衛生狀況。如果以每 30 萬人口設一家標準店，全中國可設 4300 多家永和豆漿店，平均每店每年營業額達 200 萬～400 萬元，預估可創造百億的市場消費量，其市場發展潛力可見一斑。所以，中式速食本著特有的優勢成為了擁有巨大潛力的市場。

當他們意識到了大陸市場發展的潛力時，很快在上海設立了永和豆漿加盟總部及直營店。確立了以大陸為戰略中心的地位，為永和豆漿連鎖店拓展全球網路奠定了更堅實的基礎。

## 2.樹立品牌形象

品牌是特許經營系統中最重要的資產，在顧客眼中，品牌就是公司的聲譽——他們所期望得到的感受和體驗。品牌認知是特許經營人購買特許經營權時所希望擁有的一個部份。品牌的成名並非與生俱來，幾乎所有的特許經營授權人，都是首先確立在當地的品牌認知(可能只是臨近的各街區)，然後逐步確立地區或全國範圍的地位。特許經營需要一個原始模型的企業，或者說是母公司，再進行複製開發。

連鎖業的 CIS 設計和廣告宣傳，就在很大程度上影響著消費者對企業的主觀評價。因此連鎖業一旦選擇了別具一格的戰略，就一定要根據自己所欲樹立的形象，一方面在經營活動中體現這一形象，一方面透過 CIS 設計和廣告活動宣傳這一形象，使之深入人心，求得共識，使自己的連鎖店給消費者形成一個統一的形象。

　　在開拓大陸市場不久，品牌創意公司貝恩廣告顧問有限公司，應邀協助永和豆漿更新其品牌形象。目標是塑造更為顯著的品牌特色，取得更為強烈的連鎖專賣店終端形象衝擊力，帶給消費者更為直接的健康豆漿文化。整個品牌重塑的工作和永和豆漿市場拓展的計劃緊密聯繫起來，2005 年永和豆漿獲得了「中國馳名商標」的稱號。公司十分滿意由貝恩廣告帶給消費者的新的企業形象和終端、專營店的整體包裝設計，它使得永和豆漿的品牌從眾多的競爭對手中真正脫穎而出，並在國際市場上具備很強的吸引力。

　　新的品牌標識的引入採用了一種循序漸進的方式。在新的標識中貝恩廣告繼續保留了象徵品牌傳統的一些要素，如稻草人、中國紅，但是所有這些又結合中國書法韻味，使用鉛筆勾畫草圖輪廓，後進行電腦修改調整。為與標識的造型結構形成統一感，貝恩廣告特規定「永和豆漿」為中文簡稱專用書法字體。字體的創意濃縮了濃厚的「中國情結」。筆劃的粗細、明快對比，著重體現了速食的屬性。書法體渾厚的筆墨散發著濃濃的豆漿氣息，與稻草人相得益彰，體現著中國式的營養速食，進而使品牌形象顯現強烈的視覺識別。新形象的特點則主要體現在其重新製作的品牌標誌和自創的字體之上，而其全新的稻草人則採用了更富現代感的平面設計。貝恩廣告對品牌的顏色使用繼續沿用了中國紅，醒目而具有濃郁的中國特色。

## 3. 產品標準化

　　實現製作標準化是中式速食產業化、規模化的前提。中國美食世人皆知，但形成規模走向全國乃至世界的卻寥寥無幾，

根源就在於沒有實現標準化、規模化。從行銷策略來講，沒有標準化，就不可能形成工業化的速食食品，也就不可能實現連鎖化、規模化；從內部管理來講，沒有標準化的操作規程，就不可能培養出合格的員工。中國傳統烹飪的一大特點就是模糊。用火稱「溫火」或「火候恰到好處」，加料日「少許」或「適量」，這種模糊性為廚師發揮創造性提供了空間，使菜肴呈現不同的風格，將烹飪變成一門藝術。然而，由於缺少量化標準，廚師操作全憑經驗，很難保證統一的標準品質，使菜肴品質呈現出極大的不穩定性，既影響了對傳統烹飪技藝的繼承和發展，又影響了中國餐飲業步入現代化的軌道。即使同一家餐館的同樣一道菜，兩個廚師做出來也有所不同，其結果是，服務在執行過程中極易變形走樣，而且很難進行考核。作業標準化策略是連鎖業的又一重要經營基礎，其流程是由連鎖總部制訂標準化的作業流程，由各商店複製、實施。

標準化製作是速食的重要標誌。洋速食的成功在於製作的所有環節都嚴格遵循統一標準以保證食品品質。為避免廚師個人因素造成的產品品質不穩定，麥當勞對所有生產過程科學地定性定量，達到標準化生產。麥當勞人宣稱，麵包的氣孔直徑5mm 左右，厚度 17cm 時，放在嘴中咀嚼味道最美。牛肉餅的重量在 45g 時，其邊際效益達到最大值。永和豆漿作為中式速食的連鎖加盟的餐飲業，要保持高度的產品的一致性，遇到的難題就是如何進行標準化的操作。例如炸油條，如果沒有標準，兩個店的兩個不同的師傅可能炸出不同口味、不同規格的油條。永和豆漿的做法是對產品製作進行半成品的前處理。在油

條的前處理程序中，把麵粉和成麵這一個過程是公司集中做好的，然後再將半成品配送到公司的加盟店。每個店都有一個標準作業流程，一根油條多少重量，它的成形標準如何，它的油溫是幾度，它要翻轉多少次，從半成品變成最終的成品，都有作業標準的流程。

　　作業標準化策略的核心是作業崗位標準化，即在連鎖系統作業流程中，各工作崗位上的業務活動盡可能簡單、簡化、標準、規範，便於掌握，利於操作。一般由總部製作一個簡明扼要的員工操作手冊，使所有員工均依手冊的規定來完成各自的工作。為了讓每個店都遵循同一流程，區域總部都要進行專門的培訓。每一個油條工都要在總部培訓學習，最終實現標準化操作。一般外面的那些店鋪，它的油是黑漆漆的，油是從來不換的，只是說油用少了再加，這種做法對人體的健康是有很大的傷害的。為了體現健康理念，保證消費者健康，永和豆漿的油，炸過兩百根油條後就換掉。豆漿也經過特殊的工藝處理，它沒有腥味，濃度又能達到一定的程度，把它的健康原味保存了下來。遵循同一流程，區域總部都要進行專門的培訓。

# 第四節　(案例)麥當勞速食連鎖店 CIS

　　麥當勞是當今世界上最成功的速食連鎖店,截至 2010 年在 72 個國家開設了 14000 多家商店,每天接待 2800 萬人次的顧客,並且以平均每 7.3h 新開一家餐廳的速度發展著。而顧客走進任何地方、任何一家麥當勞餐廳,都會發現,這裏的建築外觀、內部陳設、食品規格和服務員的言談舉止、衣著服飾等諸多方面都驚人地相似,都能給顧客以同樣標準的享受。

## 1. 麥當勞的行為識別

　　麥當勞有一套準則來保證員工行為規範,即「小到洗手有程序,大到管理有手冊」。

　　⑴O&Tmanual。O&Tmanual 即營運訓練手冊。雷‧克羅克先生認為,速食連鎖店只有標準統一,持之以恆才能取得成功。手冊中詳細說明麥當勞的政策,餐廳各項工作的程序、步驟和方法,並且不斷地自我豐富和完善。

　　⑵ SOC(Station Observation Checklist)。SOC 即崗位工作檢查表。麥當勞把餐廳分為 20 多個段,每個工作段都有一套 SOC,詳細說明各工作段事先應準備和檢查的專案、操作步驟、崗位職責。員工進入麥當勞後將逐步學習各工作段,表現突出的員工會晉升為訓練員,訓練新員工;訓練員表現好,可進入管理組。所有的經理都是從員工做起的,必須高標準地掌握所有基本崗位操作並通過 SOC。

⑶ MDP。麥當勞專門為餐廳經理設計了一套管理發展手冊 (MDP)，共四冊，循序漸進。在學完第三冊後就會被送到美國麥當勞總部的「漢堡包大學」學習，包括人際關係、會計、存貨控制、公共關係、培訓、人事溝通與團結合作。每月開員工座談會，充分聽取員工意見。每月評選最佳職工，邀請其家屬來餐廳參觀、就餐。每年舉行崗位明星大賽，並且到其他城市參賽，以一定的形式祝賀員工的生日，等等。

## 2.麥當勞的視覺識別

⑴金色拱門。麥當勞(McDonald＇S)的企業標誌是弧形的 M 字，以黃色為標準色，稍暗的紅色為輔助色，黃色讓人聯想到價格的便宜，而且無論在什麼樣的天氣裏，黃色的視覺性都很強。M 字的弧形造型非常柔和，和店鋪大門的形象搭配起來，令人產生想走進店裏的強烈願望。

⑵吉祥物象徵。麥當勞餐廳的人物偶像——麥當勞叔叔，是友誼、風趣、祥和的象徵。他總是傳統馬戲小丑打扮，黃色連衫褲，紅白色的襯衣和短襪，大紅鞋，黃手套，一頭紅髮。他的全名是羅奈爾得·麥當勞(在美國 4～9 歲兒童心中，他是僅次於聖誕老人的第二個最熟識的人物)。他象徵著麥當勞永遠是大家的朋友，時刻準備著為兒童和社會發展貢獻力量。麥當勞叔叔兒童慈善基金會在 1984 年成立,至今已向世界各地 1600 多個組織捐出了超過 6000 萬美元的資助。

麥當勞作為當今世界上最成功的速食連鎖店，其 CIS 戰略體現了以下幾方面內容：

第一，麥當勞以正確的企業理念為靈魂和核心。

麥當勞幾十年如一日，白始至終貫徹 Q，S，C＋V 的企業經營理念，把它譽為神聖不可侵犯的最高信條，滲透到每個經理和員工的心中，使麥當勞區別於其他速食行業。

第二，規範化的行為識別。

行為是理念的體現。麥當勞提出明確企業理念的同時，又創造性地制訂出一系列規範化的規章制度，並編制成手冊，使經理和員工有所遵循，而不會各行其是，以保證 Q，S，C＋V 理念能夠落實在員工的行動之中。

第三，有特色的視覺識別形象。

麥當勞兄弟參與設計的雙拱門的餐廳造型與店名 McDonald＇S(麥當勞)的第一個字母極其相似。金黃色的微縮雙拱門作為麥當勞速食店的招牌和商標圖案，不但極具個性特色，而且有很強的穿透力和震撼力，成為麥當勞一絕。

色彩也是麥當勞的經營策略之一。從交通信號來說，紅色表示「停」，黃色則是「注意」的意思，麥當勞充分利用了這一點。招牌的底色做成紅色的，而上面代表麥當勞商標的 M 字母則是黃色的。這樣當你看到紅色時，你會不會自然駐足？看到金黃色 M 字母以及「麥當勞漢堡」字樣，你會不會產生食慾？紅色令人駐足，而黃色則提醒你注意，於是你可能會不由自主地舉步進店，購買漢堡包。麥當勞在視覺識別中恰當地運用標準色，是一種成功的商業策略，這一策略不能不說是麥當勞成功的奧秘之一。

第四，連鎖經營與 CIS 戰略的結合。

由於麥當勞運用連鎖經營方式，從而使它比同行技高一籌，在眾多速食業中脫穎而出，獨樹一幟。

儘管麥當勞速食店是分散的、多點經營的，但由於其在連鎖店中運用統一理念、統一行為規範、統一視覺識別，使各連鎖店保持一致性，增強了企業的整體實力，並注意運用廣告、公關手段進行傳播，從而提高企業的知名度、美譽度，樹立了麥當勞優良的企業形象，充分體現了 CIS 的戰略作用和威力。

# 第 2 章

# 連鎖業的連鎖店定位

## 第一節　商店的市場定位

### 一、市場定位的功用

　　店鋪的市場定位並非盲目的、不按章法地進行，而是要按照以下程序一步步實現

　　店鋪的市場細分通常以顧客的年齡、性別、社會階層等特徵作為細分標準。透過市場細分，可以瞭解各細分市場的購買特點，評估市場機會。

　　透過對細分市場的規模、發展潛力、市場競爭等進行評估，確定細分市場的可進入性及店鋪的服務對象。有效的細分市場一般要有足夠的市場空間，市場競爭程度適宜，且要有足夠的實力進入。

　　選擇定位因素。確定經營特色要根據店鋪的經營優勢，結合目

標顧客的特點，選擇合理的定位因素，如業態、商品結構、服務水準等以明確店鋪在消費者心目中的位置。

圍繞定位展開宣傳。店鋪定位之後，其宣傳工作或市場賣點設計應圍繞定位展開，加強店鋪在消費者心目中的預期形象。

市場定位實際上是給顧客一個目標，對顧客的購買行為起一個導航作用。市場定位明確了，店鋪給顧客的形象也就明確了，那麼顧客的購買目標也就明確了。

市場定位是對市場細分策略的應用，透過市場定位，明確了目標消費群體，有利於投資者瞭解消費者的需求特性，制定正確的產品組合、價格組合、服務組合、促銷組合等。有利於店鋪瞭解競爭對手，避實就虛，揚長避短。如果店鋪對自身的定位不瞭解、不清楚，那麼在對競爭對手進行調查瞭解的過程中，就不能很好地根據自身情況進行有針對性的重點調查，或者說調查就會顯得很盲目，抓不住重點。那也就意味著不能很好地根據對手的情況來避開自己的短處，發揮自己的長處去擊敗對手。正所謂，知己知彼才能百戰不殆。

市場定位是一種階段性的策略，隨著店鋪經營實力的增強、消費需求的變化，店鋪可以透過重新定位，提高適應能力及發現新的市場機會。

## 二、商店的經營定位

致力於產品差異化研究的經濟學家蘭凱斯特提出的「產品特徵空間」理論認為，一種產品可看做是一個由多維向量所構成的特徵

空間，即可以透過在諸如品質、性能、顏色、規格、服務等變數中取一定的值，來描述或刻畫這一產品。與之相類似，店鋪在選定目標市場，明確自身在細分市場的位置，形成有別於他人的市場定位之後，也需要從多個維度來表現這一差異化的定位策略，涉及維度主要包括業態定位、商品定位、服務定位等方面的內容。

## 1. 經營業態定位

零售業態是指零售企業為滿足不同的消費需求而形成的不同的經營形態。零售業態分類按照零售店鋪的結構特點，根據其經營方式、商品結構、服務功能，以及選址、商圈、規模、店堂設施、目標顧客和有無固定營業場所等因素將零售業分為食雜店、便利店、折扣店、超市、大型超市、倉儲會員店、百貨店、專業店、專賣店、家居建材商店、購物中心、工廠直銷中心、電視購物、郵購、網上商店、自動售貨亭、電話購物 17 種業態，並規定了相應的條件，業態定位的關鍵是對各種業態的定位實質把握清楚，避免在基本業態定位的環節就出問題。

## 2. 商品定位

確立了店鋪的經營業態之後，就可進行商品組合的定位。由於業態很大程度上是以經營範圍的不同而劃分的，所以業態的不同，實質上是商品定位的不同。但是連鎖店鋪的商品組合策略不僅要受業態的制約，同時還要受到商圈內消費特性和競爭態勢的影響。

連鎖店鋪的商品經營結構，必須與商圈內目標市場的消費結構相適應。

一般來說店鋪屬於流通企業，它自身並不生產產品，它所銷售的主要是製造商的商品，所以店鋪的商品定位在很大程度上取決於

它們所售賣的製造商品牌以及這些品牌的品牌資產。這其實很容易理解，例如，一家百貨商店所經營的品牌的檔次就決定了這家百貨商店的檔次，由此也就形成了百貨在購物者心目中不同的品牌形象。商店利用製造商品牌來吸引消費者光顧以及對賣場的偏好。

在某種程度上，製造商品牌就像組成商店定位的各種成分，把眾多消費者拉進賣場，而這一點單靠商店的定位宣傳與售賣方式是遠遠做不到的。製造商品牌幫助店鋪建立了品牌形象和資產，所以，不同類型的店鋪必然有著不同的品牌組合。品牌組合差異化的好處是顯而易見的，但是真正做起來卻不是那麼容易。

對於大多數店鋪而言，相當大比例的銷售額和利潤來自於銷售製造商品牌的產品，而其他競爭對手也在銷售這些品牌的產品，這對差異化來說是一個很大的挑戰。而且由於供應商的問題，體現店鋪定位的目標品牌未必能夠引進，所以在品牌選擇時，既要與店鋪的經營定位、商圈的互補、個性化的消費相結合，又要考慮實際操作中的可行性。

店鋪的商品定位除了體現在品牌結構上之外，一定程度上還體現在商品價格的高低上，所以經營者透過商品組合中的價格結構的不同來體現不同的經營定位。衡量價格結構的方法是商品價格帶。

## 三、商店的服務定位

店鋪是一個服務性行業，是為顧客提供在合適的地點以合適的價格購買到合適商品的服務企業：隨著經營商品的日益同質化，許多店鋪具有高度的相似性和可替代性，單純從經營商品上找特色，

已顯得力不從心，因而把握好服務定位，突出服務特色，顯得更為重要。

店鋪服務一般分為三種：售前服務、售中服務和售後服務。售前服務是指店鋪向潛在顧客提供的服務，如導購諮詢、贈送宣傳資料等。售中服務是店鋪向進入銷售現場或已進人選購過程的顧客提供的服務，如提供舒適的環境(如休息椅、冷氣機、自動扶梯等)、現場試用、禮貌待客、幫助調試、包裝等。而售後服務是店鋪向已購買商品的顧客提供的服務，主要形式有免費送貨、安裝和調試、包退包換、跟蹤服務以及顧客投訴處理等。

不同的顧客、不同的消費目的、不同的消費時間與不同的消費地點，顧客對服務的要求是不同的。不同企業所提供的服務內容也不相同，這些服務有主次之分，有些服務必不可少，為主要服務，目的在於滿足顧客的基本期望；有些服務根據需要靈活設置，為輔助服務，目的在於形成特色。對消費者而言，大型百貨商店提供的導購、送貨上門、退換、售後保修等多項服務是期望之中的，對於超級市場和平價商店，人們期望更多的是購物便利與價格合算。

所以店鋪無論進行什麼樣的服務體系設計，都必須建立在瞭解顧客的基礎上，設身處地為顧客著想，滿足顧客的期望。有許多企業在為顧客服務時，從來不主動詢問顧客有那些期望，而是憑想像增減服務專案，結果他們所提供的服務不能提高顧客的滿足感，浪費了財力和人力。

# 第二節　商店的功能定位

　　連鎖業在建立自己的店鋪網路的時候，都希望下面的店鋪贏利，但是連鎖業的若干家店鋪它們所處的地理位置、競爭對手等不同，所以銷售和贏利結果也是不一樣的。首先需要瞭解店鋪的功能定位，在開設之前就要明確每家店鋪在整個連鎖體系中的功能，才能在開發的過程中有所側重。

　　所以在連鎖體系中應該建立五類店鋪。當然這五類店鋪有些可以合併，如形象店和培訓店可以合，網路店和促銷店等可以合，但是作為連鎖業一定要明確它們各自的功能。因為不同功能的店鋪對員工的要求和店址的要求都不同，這樣在店鋪開發的時候就可以有的放矢。

## 1. 形象店

　　店鋪的第一大功能是廣告宣傳功能，如經常見到的旗艦店，承擔的主要是這種功能。

　　例如，在著名步行街上有一家兩層樓的店鋪，裝修得非常豪華，是否贏利呢？需要打一個問號。但是無論這個店是否贏利，有一點很明確，它的廣告效果是不是很強？所以這種店鋪被稱為形象店，換句話說，這種店從銷售的角度考慮可能未必理想，更多的是出於形象宣傳的考慮，貨品銷售不是主要的，更多的是為樹立品牌形象。這種店鋪的銷售利潤可能不是企業放在第一位的，企業看中的是品牌的推廣、形象的建設。

### 2. 培訓店

隨著連鎖體系的擴張,人力資源必然會成為問題,招來的人不能很快適應工作,自己培養的人比挖過來的人要好,所以連鎖需要一個人才培養基地,因此更強大的一個店產生了,這是店鋪的第五個功能。

這個店既不為贏利,也不為做形象,它是公司裏面的一個培訓基地,當這個店成熟以後,可以源源不斷地向其他店鋪輸送經過嚴格培訓的合格的店長、主管等,無論其他店鋪缺乏何種人才,可以直接從培訓店中抽調,因為這邊已經培訓好了。

### 3. 銷售店

在建立好形象店之後,企業就得考慮第二類功能的店鋪。企業不能只推廣品牌做形象,企業終究是要靠利潤生存的,所以第二類店鋪出現了,叫銷售店。企業開那家店不是為了銷售?這裏談的是主力銷售店,可能面積未必很大,形象未必很好,但是銷售額很高。一般企業經營者對主力銷售店的偏愛可能超過了其他類型的店鋪,但是主力銷售店在銷售過程中,由於其銷售額比較高,所以它的商品需求量往往非常大,而且由於企業的商品資源和其他支援往往都傾斜在了銷售店,意味著產生庫存的可能性提高。如果企業經營者作一次店鋪效益評估,會發現銷售店往往沒有賺錢,它掙回更多的是商品,這種店鋪產生的庫存過多,所以主力銷售店越多,最後退回總部的貨會越多,所以應運而生了「促銷店」店鋪。

### 4. 促銷店

這類店鋪往往不以銷售正常商品為主(當然不是指過期過季商品),促銷店的主要工作內容,就是接主力銷售店遺留下來的庫存,

而這批商品往往還在季內，只是由於企業沒有大量的商品去供應主力銷售店，去保證他的完整性，出現了缺碼斷號等情況，這批貨要撤下來，撤下來給誰呢？放在庫房裏名副其實就是庫存。但是如果企業在建立連鎖網路系統的過程中，建立一些專門處理庫存的促銷店，退回的這些貨並沒有退回庫房，而進入到了促銷店，這些促銷店，目的就是消化庫存，正常的促銷店對庫存處理起到正向的影響，如李寧的零碼折扣店。

## 5. 網路店

在連鎖體系中還有一種店鋪，不是主力銷售店，不是旗艦店，也不是促銷店，這種店排為第四類，叫網路店。這種店贏利的空間很小，但是沒有還不行，原因是這種店的目的是搶佔市場份額。

例如，某連鎖業在一條商業街上連開三家店，一家主力銷售店，兩家輔助店，這兩家店就是網路店。首先，一家店賣 100 萬元，三家店賣 300 萬元的可能性小了，但是商品儲備比兩家店多，卻遠遠達不到三家店的水準，實際上庫存風險降低了；而且一條商業街上這三家店鋪佈局完之後，無論競爭對手開到那家店附近，該企業只要調整商品結構，挨著競爭對手的那一家店鋪以針對性的促銷品為主，在網路店裏搞促銷，競爭對手無論是否進行促銷跟進都不好辦：不跟，客流明顯都走掉了；如果跟，這家網路店本來就是用來防禦競爭做消耗戰的，用一家店的消耗就把對手利潤消耗掉了，另外兩家店就可以安心贏利了，這就是網路店的作用，不讓競爭品牌在市場當中落足。

# 第三節　建立樣板店的意義

　　要說服投資者加盟總部的特許經營網路，最好的辦法莫過於建立自己成功的樣板店。

　　通過樣板經營，一方面可以檢驗總部的經營管理是否可行，並在試驗中獲取經驗，發現經營方法的優點和缺點，並不斷改進完善；另一方面，若樣板店取得成功，就可以得到社會的認可及消費者的認同，從而擴大影響，增強投資者的信心，讓他們看得見將來加盟以後可取得的效益，消除他們的疑慮。

　　連鎖總部沒有開設樣板店，在實際中檢驗自己的特許經營制度，僅僅把想像中的模式出售給投資者，這是不負責任的行為，有些法律明文禁止這樣做，因為對於加盟者來說，他們承擔了全部的經營風險，並投入了畢生的積蓄和全部精力，如果這套經營制度在實際操作中行不通，這對他們都是一個沉重的打擊，這種情況下，特許人的行為甚至可以看成是一種詐騙。因此，無論是從加盟者的角度還是從自身發展的角度出發，總部在出售特許權之前都必須建立樣板店進行試點經營。

　　建立樣板店的一個主要功能，是建立總部的樣板經營程序，即在可能出現問題的領域找到程序性的解決方法。例如，可發現店鋪內外裝修的最佳方法，可獲得包括最佳營業時間、各崗位所需人手、日常費用開支等方面的實際經驗，可發展出最具效率的財會制度、存貨管理和存貨控制方法，還可為制定一本詳盡的操作手冊提

供現實基礎。當總部對每一個營業崗位和營業環節都實現了標準化、專業化、簡單化，並形成書面的經營手冊，使之變成一個通過短期培訓就可掌握的樣板經營程序之後，對外出售特許權的計劃就可以實施了。

建立樣板店的原則主要有以下兩種：一是無論以何種方式建設的樣板店，都要保證特許經營總部的絕對控制；二是樣板店的選址要考慮區域覆蓋，以節省加盟商的學習成本。在樣板店的建立上，企業應遵照設計加盟單店的模式進行樣板店的建設，並在建設的實際過程中隨時發現問題，隨時更改和記錄關於單店的設計內容。如果特許經營總部有足夠的人力、物力，最佳的方式是成立一個單店工作小組，它專門、全程、全面地跟蹤樣板店的建設全過程和單店營運的方方面面。這樣，該小組就可以非常方便、高效地參與單店的建設，並保持單店手冊的隨時更新和完善。建設樣板店的過程是一個非常重要的總結經驗並完善特許經營企業單店的運營手冊的過程，仔細地研究、分析並記錄這個過程對企業而言是十分重要的。

建立樣板店是特許經營總部為推廣特許經營體系而建立的特許經營直營店。樣板店在特許經營體系推廣中有兩個重要作用：一是示範作用，為加盟單店的運營管理提供樣板；二是為加盟商提供培訓場所。

特許經營體系推廣階段所指的樣板店是特許經營總部所建立並管理的最原始的樣板店，它是所有特許經營體系的複製「原件」，是特許經營網路的原始節點，是特許經營知識產權濃縮後的外化組合體，是特許人繼續研究開發更先進的知識產權的基地，是檢驗該特許經營企業核心產品競爭力的最佳地點，是加盟商及其他相關人

員接受培訓、實習、參觀的樣板，是潛在加盟商認識該特許經營企業的一面鏡子，是促進潛在加盟商下決心進入該特許經營體系的關鍵場所，是特許經營體系核心競爭力的源泉和表現形式，是企業驗證單店魅力並增強特許經營體系推廣戰略信心的機會。因此，如果特許經營企業想通過特許經營的方式擴大企業規模，建立一個成功的樣板店是至關重要的。

# 第四節　連鎖經營的店鋪布點要求

連鎖企業要發展，主要依靠品牌去開發新店，而為了作好開發新店這項重要工作，必須制訂週全的開發計劃，才能確保開發店鋪的成功。連鎖經營的店鋪開發計劃主要包括開發策略、布點要求、業態選擇等。

展店布點即開新店，這是連鎖店鋪開發的具體操作階段，在這一階段應有明確的要求。這些要求主要包括年度開店數、開店範圍選擇、設店條件的設計、商業區選擇、立地布點戰術及零售網路聯結等方面。

## 1. 年度開店數量

根據連鎖企業的各項資源及市場的需求分析，可以訂出一個年度的展店目標。從展店目標的多少可以看出本連鎖企業開店策略是保守還是開放。當然，這裏需考慮一下實際開店數減去關閉店數而形成的淨開店數。

## 2. 開店範圍選擇

開店範圍的選擇有兩大類：一種是全面性選擇，一種是部份性選擇。全面性選擇是面向全部市場空間，隨著顧客群的發展而發展。部份性選擇有三類：第一類是選擇城市繁華區，第二類是選擇城鄉結合部，第三類是選擇在交通要道處。

## 3. 開店條件的設計

連鎖店鋪要發展，就必須對所開店鋪的面積、交通、招牌、內外市場、裝潢設計有一定的標準規格，不同的店鋪規格會影響到展店各項策略的選擇。為了應對不同的建築形式、規格，有的連鎖經營企業具有 3～5 種不同面積的店鋪設計，並且還進行菜單式選擇。除了店鋪面積外，開店還要考慮樓層、建築材料、店寬等要求。

## 4. 商業區選擇

依店鋪、商品、服務內容等選擇有特定功能或屬性的商業區。如美容連鎖沙龍應選擇在商住混合區，位於次幹道或交通方便、立地標誌明顯、停車方便的地方；超市應選擇在有一定商業功能的居民區開店，以中低收入階層為主，交通相對方便。

## 5. 立地布點戰術

店鋪立地指確定設立店鋪的理想開店場所。這裏會牽扯到兩個問題：立地條件和布點順序。

立地條件指店鋪所在地週圍的環境條件，如交通狀況、公共設施、停車空間、商店密集度、住宅密集度、社會穩定狀況等。連鎖企業必須確定店鋪的最佳立地條件。

開店布點順序指各項立地條件的優先順序。其主要有三種順序：全面布點、中心放射及包圍布點。全面布點多半在各類立地條

件差異不大時使用；中心放射布點是以一個特定區域為範圍，先佔中心點後再分別擴展到邊區，進駐城市繁華地段就是其代表方式。包圍型布點的典型做法就是以「鄉鎮包圍城市」，如在大城市先沿著邊緣環形公路進行布點，然後根據情況向中間滲透，沃爾瑪的初期布點就是這樣。

這裏有些特殊情況，就是「宣傳性布點」和「卡位」開店。宣傳性布點指具有宣傳或形象塑造作用的店鋪，雖然保本經營或略為虧損也會考慮持續經營下去；「卡位」開店就是為了避免其他同行進駐好的經營地點，雖然有商業區重疊的缺陷，但連鎖企業也會在商品結構上進行區別經營的前提下，採取具有一定壟斷色彩的布點策略。

### 6. 零售網聯結

優良的零售網聯結戰術，宣傳效果強，可以形成網路的效果。

零售網聯結戰術主要考慮是採取單一業態店鋪通路還是多業態店鋪通路。對於多業態店鋪連鎖經營者，不但要考慮每個單店的經營，更要考慮到整體銷售網互相支持呼應的效果。所以對同一商業區中，客源重疊的店鋪或宣傳性布點都要有一定的規律，以避免造成互相制約失去連鎖的優勢及產生布點不均的現象，這種現象經常在連鎖店開到一定數量時出現。

# 第五節　（案例）麥當勞的連鎖經營

麥當勞是世界上最大的速食集團，從 1955 年創辦人雷・克羅克在美國伊利諾斯普蘭開設第一家麥當勞餐廳至 2006 年，它在全世界已擁有 28000 多家餐廳，麥當勞的黃金雙拱門已經深入人心，成為人們熟知的世界品牌之一。

麥當勞金色的拱門允諾：每個餐廳的菜單基本相同，而且「品質超群，服務優良，清潔衛生，貨真價實」。它的產品、加工和烹製程序乃至廚房佈置，都是標準化的，嚴格控制。

無論市場怎樣變化，麥當勞始終都緊緊抓住最根本的市場需求。

這些最根本的需求集中表現為：顧客在消費時總是精打細算，生活節奏的加快，顧客需要快捷的服務、清潔的環境和高品質的食品。這些之所以是最根本的需求，是因為它們不會因國家與市場的改變而改變。

在「品質、服務、清潔和物有所值」的經營宗旨下，人們不管是在紐約、日本、中國香港或北京光顧麥當勞，都可以吃到同樣新鮮美味的食品，享受到同樣快捷友善的服務，感受到同樣的整齊清潔及物有所值。

麥當勞是如何做到的呢？它的秘密是什麼？答案就是——OSCV。麥當勞將自己的企業理念和經營方針濃縮為「QSCV」。

### 1. Q：品質、品質，英文 quality 的第一個大寫字母

其核心內容就是三個字「標準化」。標準化選料和標準化執行操作。

麥當勞對原料的標準要求極高，麵包不圓和切口不平都不用，奶漿接貨溫度要在 4℃ 以下，高一度就退貨。一片小小的牛肉餅要經過 40 多項品質控制檢查。任何原料都有保存期，生菜從冷藏庫拿到配料臺上只有兩個小時的保鮮期，過時就扔。生產過程採用電腦控制和標準操作，漢堡包的脂肪含量應該在 17%～20.5%，並且拒絕使用添加劑；另外還規定肉餅必須由 83%的瘦肉與 17%的上等五花肉混制；炸薯條所用的土豆是專門培育、精心挑選的，並經過適當的存儲時間調整澱粉和糖的含量。若炸薯條超過 7 分鐘、漢堡包超過 10 分鐘未售出，就要毫不吝惜地扔掉，因為麥當勞對顧客的承諾是永遠讓顧客享受品質最新鮮、味道最純正的食品，從而建立起高度的信用。

### 2. S：英文 service 的第一個大寫字母，即服務

作為餐飲零售服務業的龍頭老大，麥當勞對服務視如生命般重要。

在麥當勞成立初期，當時的美國速食業發展較為迅速，市場競爭也相當激烈。但速食業在發展過程中，有一個普遍存在的問題，就是環境髒、亂、差。

克羅克力圖改變這種狀況，從而使麥當勞在乾淨衛生方面獨樹一幟。首先是保證食品、飲料乾淨衛生，餐廳嚴格的管理能使這項要求落到實處。其次是環境整潔優雅，餐廳內外要窗明几淨，員工儀錶整齊劃一，洗手間也要始終保持清潔衛生，

沒有異味。

　　為了保證以上幾方面均能準確無誤地執行，麥當勞制訂了嚴格的規定。受過嚴格訓練的工作人員養成了良好的衛生習慣，他們眼光敏銳，手腳勤快，顧客一走，馬上清理桌面和地面，那怕是散落在地上的小紙片也立即拾起，使顧客就餐既放心又愉快。

　　麥當勞很快以清潔而聞名，在速食業中脫穎而出，蒸蒸日上。

　　經營信條——賣的就是服務

　　今天麥當勞已成為最令人敬佩的服務機構，正如麥當勞所宣稱的：「我們賣的不是漢堡包，而是服務。」

　　麥當勞清楚地知道，其食品絕不是吸引顧客的關鍵因素，因而為了切合本土需求，將經營的重心放在了服務和氣氛上。

　　人們之所以喜歡到麥當勞去就餐，並不僅僅是衝著新鮮的漢堡包，因為其他一些餐廳製作的漢堡包味道也許更好。那裏的功能表基本是不變的：漢堡包、土豆條、飲料、沙拉。

　　為了吸引顧客，提高服務品質，麥當勞始終堅持優質服務策略。例如：努力營造歡快溫馨的氣氛；在餐廳內儘量避免大聲喧嘩；營造出一種與在家中就餐一樣寧靜的環境，例如桌椅舒適，服務員熱情週到等。

### 3. C：英文 cleanliness 的第一個大寫字母，即清潔、衛生

　　提供清潔幽雅的就餐環境，是麥當勞營業場所追求的目標。麥當勞餐廳佈置典雅，適當擺放一些名畫或卡通玩具，播放輕鬆的樂曲，顧客在用餐之餘還能得到優美的視聽享受。

在麥當勞的觀念中,「清潔」不僅是指字面意義上的清潔,凡是與餐廳的環境有關的事情,都屬於「清潔」的含義,都納入嚴密的監視和管制範圍內。

因此,無論是在櫃檯服務,還是在廚房製作食品方面,工作人員除了完成規定的工作之外,都養成了隨手清理的良好習慣。另外,麥當勞還非常重視餐廳週圍和附屬設施的整潔,連廁所都制訂了衛生標準。

4.V:英文 value 的第一個大寫字母,是指價值,意為「提供最有價值的高品質的物品給顧客」

麥當勞食品經過科學配比,營養豐富並且價格合理,讓顧客在清潔的環境中享受快捷的營養美食,這些因素結合起來,就叫「物有所值」。現代社會逐漸形成高品質化的需要標準,而且消費者的喜好也趨於多樣化,麥當勞強調 value,就是要創造和附加新的價值。

正是以這一套經營理念為核心,麥當勞創下了世界最大連鎖體系的紀錄。英中創業實驗室發現,在美國,即使在日本,以麥當勞為代表的連鎖經營的產業,也很少受到社會經濟狀況的影響。麥當勞的成功,已使其當之無愧地成為這一領域的標杆企業,值得後來的連鎖加盟企業細細品味與學習。

# 第 **3** 章

# 連鎖店的開店複製策劃

## 第一節　連鎖店的開店複製流程工作

### 一、加盟前

#### 1. 接洽事宜

全面接受加盟方的信息諮詢，回答加盟方的各種問題，向加盟方闡明餐飲門店行業現狀以及未來發展趨勢，加盟本餐飲門店的優勢、加盟方式、加盟政策，瞭解加盟方的財務狀況、職業背景等信息，最終達成一致意見。

#### 2. 地點評估

選址是決定餐飲門店經營成敗的關鍵原因。加盟商由於受到個人經驗的限制，在選址策略上缺乏專業性。餐飲門店總部必須協助加盟商進行選址，並對加盟商自己推薦的位址進行評估、決策等，

以確保加盟店的選址的正確率。對商圈的評估主要包括:

(1)外部評估:商圈類型、交通狀況、停車位、人流動向、同行業狀況、目標客戶群;

(2)內部評估:店鋪結構、店鋪展示面、供水、供電、供煤氣、排汙管道等。

### 3. 簽訂加盟協議

若所選餐飲門店地址合適,雙方達成一致意見,雙方即可簽訂加盟協定,內容包括工程承包合約書、加盟合作協定、品牌授權書等。

## 二、店鋪籌備期

### 1. 店鋪設計裝修

為了保持連鎖餐飲門店形象的統一性,同時也是為了保證工程的品質以及按期完工,餐飲門店的裝修設計一般由餐飲公司總部的專人負責,實行統一的裝修標準,使用統一的材料,並保證在預定的期限裏按質完成。

除此之外,雙方也可以經過協商,由加盟商自行招募裝修公司進行裝修,但是必須使用總部提供的統一設計方案。雙方簽訂工程裝修合約後,餐飲公司總部提供外場、吧台、廚房的平面設計圖、立體設計圖、天花板裝修圖、招牌施工圖,並確定服務區座位及包間數量。經過加盟商審核確定後,開始施工。施工中遇到的問題,總部要及時和設計師以及加盟商協商,以便確定更加符合實際的方案,利於以後工作的全面開展。另外,為了保證工程如期完工,使

餐飲門店按期正常試營業，減少費用支出，餐飲公司總部將為加盟商制定施工進度表。

### 2. 經營執照辦理

協助加盟商辦理工商、稅務、消防、環保、衛生等相關執照，使餐飲門店能夠正常營業。

### 3. 人員招聘與培訓

協助加盟商招聘服務員、吧員等員工，並且送到指定的餐飲門店進行理論與實踐的培訓，比較重要的人員送往公司總部進行培訓。這樣可以有效保證新店人員的素質和能力，保證新店正常運行。

### 4. 公司物料配送籌備

根據餐飲門店實際定制的傢俱、設備、物料等，委託專業的物流公司送達餐飲門店，為店鋪的開業工作做最後的準備。

### 5. 開業流程擬定

結合當地實際和店鋪的運作情形制定餐飲門店的開業流程。

## 三、開業及後期支援

在餐飲門店開業之後，店長將根據實際情況制訂店鋪調整計劃，以適應實際市場狀況，贏得當地市場口碑，進而站穩腳跟。總部的支援分為幾種，分別從不同的方面和角度支援餐飲門店的營運工作，使之能夠在當地市場中佔有一席之地甚至獨佔鰲頭。

### 1. 標準管理方法

總部具有非常豐富和有效的管理經驗，成功的將這些經驗複製是保證連鎖餐飲門店成功的重要前提。這些管理經驗和智慧複製就

體現在餐飲公司總部制定的各項制度、政策和規章以及標準運營手冊中。例如，餐飲公司總部制定了完整的薪資制度、考核方法、餐飲門店各個崗位員工的職責、流程以及工作標準、財務制度、收銀制度、採購制度、庫存制度，等等。這為餐飲門店提供了一整套完善的運營管理方法，保障了加盟店的管理水準。

### 2. 營運支援

店鋪開業後總部的營運部門會根據店鋪的實際運作情形，給予營運建議和工作指導，使之能夠實現有效的管理，保持營業額的穩定和利潤的不斷提升。

### 3. 培訓支援

培訓是餐飲公司總部一項重要的職能。餐飲門店的總部要制定完善的培訓體系、實用的培訓課程並培養培訓師，根據加盟餐飲門店的需要提供培訓。總部可以派出培訓專員到店鋪進行實際培訓和工作指導，也可以將員工送到指定店鋪進行強化訓練，以期能夠不斷提升改善餐飲門店的服務水準和產品品質。

### 4. 物料支援

總部提供統一標準的高品質的物料，用專業化的物流系統按時送達各個餐飲門店，保證各個餐飲門店物料的品質以及供應的及時性。

### 5. 技術支援

產品是餐飲連鎖的關鍵，不斷推出受市場歡迎的新產品是餐飲公司總部的職能之一。總部設有專門的技術人員負責研究產品創新，產品製作方法調整，運用新式材料等，以豐富產品種類，改善產品口味，提高餐飲門店的利潤，增強餐飲門店的競爭力。

## 6. 品牌支援

統一的廣告宣傳、CI 設計、促銷活動，是連鎖經營一大特色。總部在這方面的職責包括：透過報紙、廣播、電視等傳媒及其他形式進行統一的廣告宣傳；策劃大型的行銷活動；統一餐飲門店設計、裝潢、櫥窗設計、門店佈局、著裝、服務方式等。

## 7. 信息支援

為餐飲門店提供各種有關行業、消費者、競爭對手的信息，方便各個加盟店採取更有效的措施。具體的包括：

(1)收集、分析有關市場變化、消費動向、競爭對手的信息；

(2)收集、分析和綜合來自各加盟餐飲門店的第一手情報，對經營情況作出綜合判斷，結合外部信息，為正確制定和調整經營的戰略和經營計劃服務。

總之，總部為加盟餐飲門店提供各個方面詳細而具體的支援，為餐飲門店的營運提供強有力的後勤支援保障。

## 第二節　連鎖經營店址選擇的市場評估流程

市場評估，將有助於連鎖店房產開發人員以合理而系統的方式，累積市場重要資訊。這是思考模式中極重要的一環，主要有以下步驟：

(1)**搜集各項資料。**

首先取得各種統計資料，如已出版的與該區域有關的資料，包括交通、人口數、零售業商家數、住戶人口、銀行數、車輛數、主要商業行為、平均消費額、氣候、報紙發行量、電視的擁有率等，另外，還有各行業協會及都市計劃單位的統計資料。

(2)**積累該地區消費者資料。**

瞭解顧客群所產生的業務容量有多大，進而得出客戶的消費水準及額度。瞭解該地區的人口密度及消費者的聚集區，區域越小，人口越密的地方，才是發展連鎖店面的絕佳區域，才能發揮連鎖的功能。

(3)**實地勘察。**

準備完整的街道全圖，攜帶如攝像機、相機、錄音筆、筆記本等工具，將街道型態、人流、店號名稱、營業項目、外觀、建築種類、天然障礙(如橋樑、立交橋或河流等)及附近住家情形，用上述工具記錄下來。

(4)**區域對象訪談。**

訪談對象包括既有店面的營業人員、學校、派出所、水電煤氣

公司、百貨商店及超市、相關協會、交通警察等。其目的是幫助企業經營者充分瞭解各種資料的準確性及各方面的反應程度，同時也是為了增加對該地域的洞察能力，這種訪談方式要求必須在專業檔案裏詳實記錄其對象、時間及內容，以作為很好的樣本調查資料。

### (5)對既有店面經營加以分析。

瞭解在該商業區或鄰近區域既有店面的獲利情況、市場佔有率合約到期期限及重新整修前後的營業差異度等，由此獲得建設性的意見，並作為是否立即再設新點的參考依據。

### (6)可能據點的開發計劃。

無論是已經擁有了可設地點的交易資料，還是先行圈選出適宜開店的最佳位置，分出了一、二、三級的選用程度，都必須對這些可能的地點進行評估。從環境角度，必須考慮可能地點的能見度、外露面、通路及顧客容量；從建築物本身角度須考慮如結構、採光、顏色、造型、材質等。如道路交叉口最具設店價值，因為四方所彙聚而來的人多而機會較大，加上路口停車的機會多，司機容易看到店面而可能前往消費。

### (7)營業額與投資成本預測。

開始預估營業額，除了利用房產資料及顧客情報來模仿營業額大小之外，還必須對建築物本身所能提供的實際產能作出評價。一般來說，如果附近有大型的辦公大樓、商場、大學等，則能猜測八成左右的預估營業值；瞭解消費的平均額度，並採用類似地點、類似店面型態的比較法，也將有助於營業額的預測。投資成本主要有以下幾塊：房產成本、煤水電氣成本、運輸成本、人員薪資等。這方面經驗的積累是準確預測投資成本的法門。最後，由企劃、財務、

營業、工程等相關各部門與管理部門，共同判斷投資該地點的可行性。

### ⑻評估報告成文提交。

經過上述程序，就可以得出評估結果，並撰寫評估報告。

# 第三節　連鎖店的店址籌備

## 一、開業籌備進度安排

連鎖業的開店工作，要按序加以籌備、執行：

· 決策開店，決定開店、位置選擇。

· 經營方針，確立經營方針。

· 樓層佈局，確定商品構成。

· 內部裝修，突出商品特色。

· 設備安裝，調整建築結構

· 商品策略，實現商品差異化。

· 採購商品，醞釀確定方針，採購完成。

· 營運組織，組織功能強化。

· 商品管理，作業流程系統化。

· 銷售計劃，確定營業目標。

· 採購計劃，商品品質的保證。

· 廣告計劃，注意行銷功能的運用。

· 人員聘用，幹部招聘、員工招聘，組織營業組。

· 教育訓練。
· 商品進場，上架。
· 短期預算。
· 典禮準備，開業部門間配合。
· 補充事項，管理制度的制定，員工制服的準備等。

## 二、籌備組工作流程

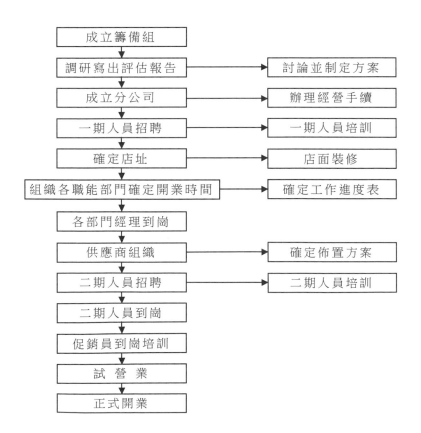

## 三、籌備組成立

### 1. 工作流程如下：

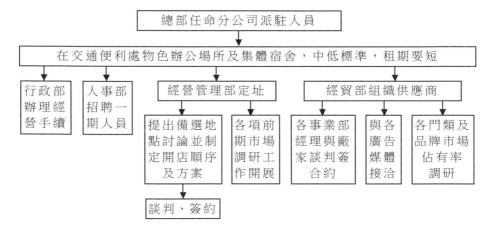

### 2. 人員組成

前期小組一般以三人為佳。經理、助理、秘書各一名。

### 3. 辦公場所

前期調查所租房屋時限，大城市為三個月，中型城市兩個月，小城市一個月。租金定在該市中等偏下水準。

房屋租約簽署原則：

(1) 驗證房屋的各項合法手續：產權證、過戶或轉讓證明、稅單、是否抵押；

(2) 免租期儘量長；

(3) 合作方式嚴禁抽成方式；

(4) 協議明確不支付任何傭金；

⑸明確各項賠償責任，尤其互不承擔財產保險責任；

⑹我方擁有房屋的使用權；

⑺我方可進行部份轉讓；

⑻有優先續約權；

⑼租金一談 10 年總額，前低後高，不採用遞增方式；

⑽要有完善退出機制，以 60 天為宜；

⑾租金以月付為主，若需預付的，要先有折扣條件；

⑿押金的有效期儘量短，折抵速度要快；

⒀儘量不付定金；

⒁房產服務項目儘量由對方承擔，水、電、暖費用要明晰，用電量為 200 千瓦；

⒂對方態度比較急切的，要慎重。

4. 各項補助依行政部有關規定。

5. 調查方式：開車、騎車、步行、所有公共交通、上網、問卷調查、走訪、電話、傳真、E-mail 等。

6. 填寫表格提交評估報告(方法見評估手冊)。

7. 總部回饋意見。

8. 就總部回饋問題再調查並提交報告。

9. 工作完成。

# 第四節　新開店的分工合作

　　所有的開店工作都需要由人來實施，所以必須建立使工作任務得以分解、組合和協調的框架體系，也就是組織結構，並將上述的各項工作分配給相應的組織部門。

　　以達到開店營業目標為出發點，把不同專業背景的人員按不同的工作性質加以組織，從而使店鋪具有完成各項工作的功能的過程，即稱為開店組織結構的設計。連鎖經營規模優勢的取得就在於其擁有眾多的連鎖分店，連鎖規模越大，其組織系統就越複雜：如果該系統設計不合理，就沒有連鎖店的優勢，甚至阻礙連鎖店的正常運轉。絕大多數連鎖業的組織形式可用圖 3-4-1 表示。

## 圖 3-4-1　連鎖業的常見組織結構

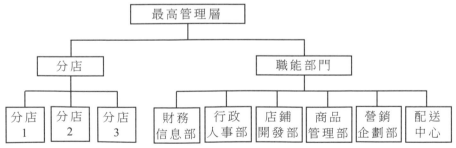

　　總部的主要作用是統一店鋪的後勤作業，使之達到簡單化、標準化、專業化、集中化。連鎖店總部與分店的關係是專業化分工的關係。實踐證明：總店的後勤系統越強，專業化分工越明確，店鋪

的運作和新店的開發就越順暢。開店過程中，在總部其他職能部門的支援下，由店鋪開發部主抓該項工作。

### 1. 連鎖店開發部門

· 立地商圈調查、統計、分析。

· 商店具體位置的確定。

· 預算設計(包括營業額估計、損益設定)。

· 連鎖店房產的獲得。

· 連鎖店經營計劃的擬定。

· 開業日期的選定與進度的擬定。

· 平面配置圖的設計。

· 連鎖店設施、設備的導入。

· 內外裝潢工程的進行。

### 2. 行銷企劃部門

· 宣傳活動計劃的立案與決定。

· 開店實施前的引導宣傳。

· 開店宣傳活動的實施。

· 開店後的宣傳活動。

### 3. 財務信息部門

· 收銀系統、POS 和 EOS 的導入。

· 收銀機的安裝試運行。

· POS 的連線作業。

· 會計流程與傳票管理規定的制定。

· 現金收入與支出管理規定的制定。

### 4. 行政人事部門

· 連鎖店組織架構設計。

· 人員招聘。

· 人員培訓。

· 各部門所需用品的準備與分配。

· 公共關係作業要點。

· 政府營業證照及其他證照的申請。

### 5. 商品管理部門

· 商品方針政策的擬定。

· 商品大類構成及品種的選定。

· 中分類商品構成的設定。

· 小分類商品構成的設定。

· 價格帶的設定(按商品的小分類進行)。

· 選擇合適的供應商。

· 競爭店重點商品的售價調查。

· 特賣商品、促銷商品的確定。

· 賣場的規劃、分配。

· 其他促銷活動的展開。

### 6. 配送處理中心

· 廠商進貨管理規定(含儲存、儲位安排及設計)的制定。

· 配送範圍、路線及時間表的確定。

· 訂貨、驗貨、出車等配送管理規定的制定。

· 物流搬運工作及設施的準備。

## 7. 營業部門（分店）

· 操作手冊的實施（包括清潔、整理工作）。

· 作業工具的準備、搬運。

· 作業計劃安排、工作分配及支援需求的提出。

· 補充訂貨系統的運作。

· 商品作業的核對。

· 開業前對商圈的親自拜訪。

· 賣場 POP 展示、商品陳列演示。

· 賣場異常狀況的應變措施。

# 第五節　開店計劃流水表

店名：　　　　　　開業日期：　　年　　月　　日　　　　　地址：

| 距開業天數 | 應完成日期 | 工作要項 | 執行單位 | 責任人 |
|---|---|---|---|---|
| 裝修前一個月 | | 外裝修(招牌)申請登記和裝修設計的消防備案 | 連鎖店 | 店長 |
| 30 | | 廣告手續的申請辦理 | 品牌運營中心 | 媒介推廣專員 |
| | | 新店所需人員的統籌與配置 | 人力資源部 | 人力資源專員 |
| 25 | | 新店人員的籌備、確定 | 人力資源部 | 人力資源專員 |
| 21 | | 確定新店開業所需商品結構、商品款式及各商品的數量 | 監控部 | 各品類主管 |
| 20 | | 電話號碼的確認和ADSL的申請 | 連鎖店 | 店長 |
| 16 | | 各項企劃用品、宣傳物料的籌備與製作 | 品牌運營中心 | 策劃專員 |
| 15 | | 員工宿舍的租賃確認 | 連鎖店 | 店長 |
| | | 新店配置人員的培訓 | 培訓部 | 培訓部經理 |
| | | 運營設備、各種物品的準備(總部) | 行政部 | 資產管理專員 |

續表

| 距開業天數 | 應完成日期 | 工作要項 | 執行單位 | 責任人 |
|---|---|---|---|---|
| 14 | | 賣場各類設備安裝規劃與設計 | 品牌運營中心 | 設計師 |
| 13 | | 做好對商品、禮品、用品的存放位置的合理規劃 | 連鎖店 | 店長 |
| 12 | | 新居所需物品/商品清點、分類、打包 | 儲運部 | 儲運部經理 |
| 10～15 | | 工商營業執照的申請辦理 | 連鎖店 | 店長 |
| 10 | | 落實食宿問題，並對連鎖店內外及週圍環境作初步的瞭解 | 連鎖店 | 店長 |
| 8 | | 新店需自行準備的物品及設備的購買、落實 | 連鎖店 | 店長 |
| 7～10 | | 店面成員到崗，瞭解、熟悉當地市場行情、競爭及新店環境情況 | 連鎖店 | 店長 |
| 7 | | 1. 申請開業的拱門安裝 | 連鎖店 | 店長 |
| | | 統計連鎖店所必需的一切欠缺品，並一次性購齊 | 連鎖店 | 店長 |
| | | 連鎖店衛生的整理 | 連鎖店 | 店長 |
| | | 4. 物品、商品的配送、到位 | 儲運部 | 儲運部經理 |
| | | 5. 開業方案的制定 | 行銷企劃部 | 策劃專員 |

續表

| 距開業天數 | 應完成日期 | 工作要項 | 執行單位 | 責任人 |
|---|---|---|---|---|
| 6 | | 刻章並辦理法人代碼證書 | 連鎖店 | 店長 |
| | | 2.到銀行辦理開戶手續並申請POS機 | 連鎖店 | 店長 |
| 5 | | 到物價監督局購買統一的物價標籤 | 連鎖店 | 店長 |
| 4 | | 各項設備的安裝、調試,各類物品的擺放 | 連鎖店 | 店長 |
| 3 | | 開業慶典所需花籃的預定 | 連鎖店 | 店長 |
| | | 商品上架 | 連鎖店 | 店長 |
| 2～7 | | 跨街橫幅、燈箱、旗杆廣告的啟動 | 行銷企劃部 | 策劃專員 |
| 2～3 | | 做好各項工作的統籌與安排,合理安排人員,落實到人,分工協作 | 連鎖店 | 店長 |

# 第六節　連鎖業新開店的實施順序

## 一、連鎖店開店的籌備流程

開業籌備是一個程序化、系列化的工作，不是選定一個地點做連鎖店，採購一些商品便可以坐享其成地得利潤，而是要經過一套完整的籌備工作才可能完成。一

連鎖店的開店工作從決定立項之日起開始籌備，直到開業當日為計劃完成之時。在實施過程中要完成貨品訂購、員工安排、資金籌措、營業等各種準備工作。一個合理的工作流程需要加以計劃和安排才能確保高品質地完成整個工作。一般情況下制訂一個工作流程表來確定開店前的工作進展，達到所有專案按期完成的目的。

開店工作進度總表是整體控制與管理開店工作的表格，內容包括專案啟動和截止的時間、專案的具體內容、執行者的名稱，特別需要說明的在備註欄中說明。

⑴第一步：新開連鎖店首先需要有連鎖店開設的地點，也就是用地選址，但是對企業而言，首先需要進行新開連鎖店的業態定位以及戰略定位，這兩個定位會對連鎖店的選址標準帶來很大的影響。

⑵第二步：用地計劃，也就是為連鎖店獲得合適的店址，並獲得該房產的所有權或使用權。

⑶第三步：房產僅僅是一個建築物而已，建築物要想變成連鎖

店,首先要在裏面放置商品,並對原來的建築進行一系列軟硬體設備設施的裝修改造,還要讓別人知道「這裏將要開設一家什麼樣的連鎖店」,當然這一切都需要有人來落實,這就是商品計劃、建築計劃、行銷計劃、人員計劃。

⑷第四步:當商品、硬體設施、人員、企劃宣傳都到位了之後,就是開門營業。

⑸第五步:連鎖店開業之後,需要做業績評估,如果業績不理想,應該採取一些措施,只有這樣才能使問題連鎖店業績走向理想狀態。

圖 3-6-1 開業籌備工作內容

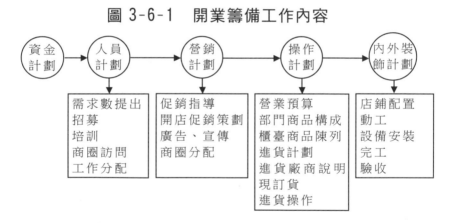

## 二、開發流程執行要點

### 1. 用地選定

企業開店的意向決定之後,第一階段就是用地計劃的實施。在進行用地計劃時,一般可分成三個步驟,即用地選定、用地確保與用地整備。

對於開店適當地點的選定，可依下列幾項因素進行：

⑴能夠大量吸引顧客的位置。

⑵擁有可供開店的相當面積，尤其是大型百貨店，更要考慮其應有的規模，以供建築之用。

⑶符合政府在建築方面有關的各項法令。

⑷取得用地所需的費用，在經營上能夠負擔。

⑸用地取得的困難不大。

在用地選定之際，往往難以完全找到充分滿足條件的用地。因此在地點選定時，也要考慮其他候補地點。

## 2. 用地確保

有關適合的地點選定之後，接著則需展開用地確保的活動，可能的情況有：

⑴用地的購得（即土地所有權的轉移）。

⑵地上權或土地租賃權的設定。

⑶建築物租賃權的確保。

## 3. 用地整備

在用地確保後，應開始實施地質的調查、既存建築物的拆除等工作，即整備的內容包括與開店作業有關係的所有項目，如店前道路的改善、電氣、煤氣、自來水管道等公共設施，以及建築時各項危險的防止措施等；若有影響到附近機構工作或居民休息時，亦必須盡力改進，將影響降到最低，並取得這些居民的諒解。

## 4. 建築計劃

有關建築計劃的重點，大致可以分成三方面：

⑴店鋪配置及面積的決定。對於建築法規的規定事項如容積

率、高度限制等,以及週圍環境的狀況、建築施工的安全問題及施工障礙問題的克服等均要統籌考慮。在整個建築面積的運用上,對於賣場面積及後勤諸設施的空間與配置,乃至於將來擴建的可能因素等等,均必須配合資金狀況、管理體制而作整體性的規劃。

(2)平面計劃的決定。這是決定店鋪經營效率的重要因素,對於出入口及動線的處理,關係到整個商店入口及商品的流量,諸如顧客出入口、職員出入口商品出入口以及樓面的顧客動線、職員動線及商品運送動線等,都必須考慮使賣場面積有效運用,從而作詳細的規劃。

(3)建築物外裝的決定。為求整個建築物能具有吸引力而加深顧客對商店的印象,對於建築物的外觀設計以及使用的建材要予以考慮,要樹立一個觀念,建築物並不僅僅具有容納商品及防風雨的功能,還具有銷售促進的功能。

## 5. 設備計劃

設備對於顧客、工作人員及商品三者均具有相當的重要性。對顧客而言,要為他們提供適當且愉快的購物環境;對員工而言,要為他們提供提高工作效率及安全感的工作環境;對商品而言,要有一個具有保管功能及展示商品的空間。因此設備計劃必須包括:

· 冷氣機設備;
· 給水與排水設備;
· 電力照明設備;
· 通信設備;
· 運送設備;
· 消防安全設備等項。

## 6. 裝潢計劃

有關裝潢計劃方面，首先要確定的就是商品的配置，在建築計劃階段將賣場與非賣場區分之後，對於賣場要進一步劃分成銷售空間（如一般商品賣場、特殊商品賣場等）、服務提供空間（如休閒區、咖啡座等）、商品陳列空間、作業空間（如收銀台、包裝台等）等，對於每個空間在裝潢上要考慮採取固定式或移動式，以配合顧客動線、商品動線、職員動線以及樓面的視覺。其次就是裝潢的施工，主要內容為：

- 各樓別天頂、牆壁、柱子、地面色彩系列的運用，達到樓面別與賣場的變化；
- 對於天頂、牆壁、柱子、地面等裝潢材料的使用，要配合商品特性的表現。
- 地毯、陳列器材等使用的場合與色彩的決定。要力求賣場變化及氣氛的塑造。
- 照明：器材種類的決定及位置的配備，要發揮賣場整體的燈光效果。

除此之外，對於賣場內意外事件的避難通路及安全消防設施均必須配合設備計劃實施。總之，在店鋪的裝潢計劃上，有三點原則應注意：

- 設汁的個性化及標準化。在單店時可以考慮店鋪的個性化，以強調特性，但如果成立連鎖店。則必須考慮標準化，以建立整體企業形象。
- 低成本化。力求以最低的裝潢成本，表現出最佳的店鋪　效果。

· 無公害化。做到令來店的顧客及工作人員均有安全感,提供
舒適的營業空間。

### 7. 商品計劃

#### (1) 商品經營定位

就連鎖業來說,業績創造來自商品銷售。所以,如果每家店鋪
是一座寶藏,商品定位就是寶藏的內涵。換句話說,商品是連鎖店
鋪的生存命脈,科學的商品定位能活躍店鋪的生命力,使店鋪更加
蓬勃發展。

要做好商品經營定位首先需要進行市場需求分析與競爭態勢
分析,在此基礎上結合店鋪業態進行目標市場定位,確定需要滿足
的消費者需求,並根據需要滿足的需求確定需要經營的商品組合一
然而每一個需求點的產品品牌很多,店鋪必須根據自身情況選擇每
一個需求點的品牌,也就是目標品牌的鎖定,接下來就是根據目標
品牌定位尋找出品牌背後的目標供應商,當然有些時候品牌定位與
供應商定位是同時進行的。

#### (2) 經營方式及合作條件的確定

確定了商品結構之後,需要與供應商合作,以便將商品擺放到
店鋪中,而與供應商合作的前提是先確定與供應商的合作模式。

根據與供應商交易方式的不同,連鎖店鋪的採購方式有租賃、
聯營、代銷、經銷四種常見的形式,由於與供應商的合作模式不同,
造成了店鋪的運營體系的不同,所以此處需要對這四種模式進行簡
單分析。

· 租賃。租賃嚴格意義上不是採購,它僅僅是將店鋪中的某塊
固定面積的經營空間租給供應商來經營,經營範圍必須是店

鋪在商品定位環節希望在此面積經營的商品,也就是根據店鋪的規劃來出租賣場營業空間。一般來說,在租賃模式下,店鋪根據面積大小與位置收取固定租金,供應商自己進行商品庫存控制、銷售人員配置、貨款收銀等各項工作,店鋪方相當於商業地產運作,作為房東(或二房東)賺取房租,對供應商的具體運作不做參與。

· 聯營。聯營是指店鋪在電腦系統中記錄詳細的供應商資訊,但是不記錄詳細的商品進貨資訊,銷售時由店鋪方進行統一收銀。在結賬時,店鋪財務部在雙方認可的購銷合同中所規定的付款日,在「當期」商品銷售總金額中扣除當初雙方認可的「提成比例」金額後,將剩餘銷售款付給供應商。在這種方式下,聯營商品的銷售人員配備與商品庫存控制由供應商進行。

· 代銷。代銷是指店鋪在電腦系統中記錄詳細的供應商及商品資訊,銷售時由店鋪方配備銷售人員並統一收銀。在每月的付款日準時按「當期」的銷售數量及當初雙方進貨時所認可的商品進價付款給供應商。賣不完的貨可以退貨或換貨,代銷商品的庫存控制一般由店鋪方進行。

· 經銷。經銷又叫買斷採購,是指店鋪電腦系統記錄詳細的賬期,按當初雙方進貨時所認可的商品進價計收貨數量付款給供應商,供應商主要負責供貨,至於後續的銷售工作由店鋪方進行。通常情況下,換貨、退貨是不存在的,這種方式下店鋪的商業風險最大,相對來說,利潤也最高。

### 8. 採購招商

在與供應商的合作方式確定之後，店鋪方就可以與供應商進行採購談判，並簽訂合作合同，簽約之後，供應商按照店鋪的商品管理流程將貨品擺放到店鋪貨架上，達到可銷售狀態。

### 9. 行銷計劃

行銷計劃又叫開店宣傳活動計劃，宣傳活動的內容包括開店日期、宣傳主題、宣傳標語、重點宣傳地區、媒體運用、商品企劃配合等。

#### (1) 開店宣傳計劃的進度

- 宣傳活動計劃的立案與決定。最理想的是在開店前兩個半月能夠立案，在開店前兩個月能定案。開店日期(年、月、日)、宣傳主題與重點、宣傳文案、宣傳期、商圈的重點地區、店鋪特性、行政業務等均應在計劃中加以考慮。

- 開店實施前的引導宣傳。如召開招商會、工程及內裝修進度發佈會、記者招待會及籌備情況說明會等，以透過各種媒體開展開店前的公共關係活動。

- 開店宣傳活動的實施。在開店前一個月左右展開，在開店當天達到活動的高潮。其實施方式與內容要與員工對商圈內家庭的訪問、各種廣告媒體的運用、公共關係活動的開展、開店當天慶祝活動的實施以及所提供的特別服務專案相結合。

- 開店後的宣傳活動。開店後的宣傳活動配合上述系列宣傳活動的內容，是開店宣傳活動的持續，包括文化性活動、商品促銷和服務性措施。

## ⑵宣傳活動開展的重點

- 開店宣傳活動計劃形成之際，應考慮公司內外的因素及預算情況，協調營業、行政、人事、財務等部門，經研究分析後再做調整或進入實施階段。
- 在宣傳活動的內容方面，應列出開店預定日、宣傳標題、文案表現、店鋪特性、樓層構成特色等諸項活動的重點。
- 施工現場外觀和週圍建築物也可作為宣傳之用。
- 在廣告媒體的運用方面，應針對訴求對象進行有效的組合，以求發揮最大的宣傳效果。

## 10.資金使用計劃

　　每個連鎖店在開店前必須考慮資金問題，資金計劃就是將整個開店計劃用數字表示出來。是用地計劃還是建設計劃，對整體收支和資金的影響很大，要提前預算開店實施過程中實際使用資金數目、超出預算的比例、資金來源管道等。在整體建設中，要力求朝著設定的預算目標數值使用資金，以免造成太大的出入而影響整體開店計劃的實施。如果中途出現難以預測的突發事件，在計劃時，要考慮臨時應對措施化解困難。

　　在連鎖店建設、開店過程中資金的使用計劃大致可分為 3 個部份：一是收支計劃，二是利益分配計劃，三是資金計劃。在開店前必須提前準備大量資金，對經營環境、業態動向、公司經營能力等多方面因素進行調查和分析，慎重地制訂收支和資金計劃，並列出開店後 3～5 年乃至 10 年的中長期計劃。

# 第七節　連鎖超市開店工作流程

　　無論是一家新的連鎖店從零起步的開張，還是連鎖業進行多店擴展時新增商店的開張，開店的合理與否，都關係著這個店鋪能否生存下去。所以，在開店時必須認真地擬訂開店的計劃，組織負責開店的精幹隊伍，進行週密有效的工作。以超市為例，完整的開店計劃應包括以下幾個方面的內容：

## 一、超市開店的流程妥排

　　超級市場的開店工作從決定立項之日起開始籌備，直到開業當日為最終的期限。在此過程中，要完成商品、人員、資金、營業等方面的各種準備，就需要有一個合理的工作流程來加以計劃與安排，才能確保高品質的工作績效。

　　制訂合理的工作流程最常見的方法是列出超市開店的工作進度表，以保證各項工作的如期完成。開店工作進度總表是整體控制與管理開店工作的表格，一般的內容應包括任務的起止時間、專案的具體內容、執行者的名稱，需要特別註明的內容應在備註欄中加以說明。

## 3-7-1　開店工作進度總表

| 專案內容 | 時間 | 要點 |
|---|---|---|
| 決策開店 | 醞釀確定實施 | 確立經營方針 |
| 經營方針 | 草案調整定案 | 確定商品構成 |
| 樓層佈局 | 設計洽談，施工進度排 | 突出商品特色 |
| 內部裝修 | 定，施工完成 | 調整建築結構 |
| 設備安裝 | 醞釀完工醞釀調整醞釀確 | 實現商品差別化 |
| 商品策略 | 定方針，採購完成醞釀方 | 組織功能強化 |
| 採購商品 | 針組織決定執行醞釀決策 | 作業流程系統化 |
| 營運組織 | 執行 | 確定營業目標 |
| 商品管理 | 醞釀定案醞釀定案醞釀決 | 商品品質的保證 |
| 銷售計劃 | 策立案執行幹部招聘、員 | 注意行銷功能的運用 |
| 採購計劃 | 工招聘組織營業組 | |
| 廣告汁劃 | | |
| 人員聘用 | | |
| 教育訓練 | | |
| 商品進場 | 上架 | 開業部門間配合 |
| 短期預算 | 開業前廣告 | |
| 典禮準備 | 公關活動、試售 | |
| 補充事項 | 管理制度 | |
| | 員工制服的準備等 | |

## 二、超市的開店組織人員結構

⑴超市場地規劃與設計人員。開設超市前的主要工作有場地尋找、商圈調查、店鋪規劃及內外設計，這方面的工作可聘用專人來負責。

⑵超市開業所需的其他人員。在超市開店的籌劃工作中，還需要有人來進行諸如營業執照的申請、勞動保險的辦理、稅務的登記辦理、驗資、到有關部門核准薪資等事務，這些工作應配備一些有經驗的人員來負責。

⑶超市採購人員。對於一個新開設的超市，最基本的人員是採購人員，因為超市所出售的商品，種類有上萬種，各種商品的特性和出售方法不同，必須有精通商品的採購人員。

⑷超市商品維護及管理人員。超市經營的一些商品，在出售前需要經過特殊處理，例如生鮮品，所以開店組成人員中必須有一些精於這些商品處理的技術人員。同時，還需要一些人員進行物品的陳列、標價、驗收等工作。

## 三、超市開店組成人員的工作職責

⑴店鋪開發人員的工作職責：
· 調查選址人員及店鋪設計人員負責開業日期的選定，開店決策過程的擬訂，平面配置圖的設計，店鋪設施的導人，店鋪內外裝飾工程的進行；

· 企劃工作人員負責商圈分析，預算設定，店鋪經營計劃擬
　定，統計分析取樣。

## 圖 3-7-2　開店人員配置圖

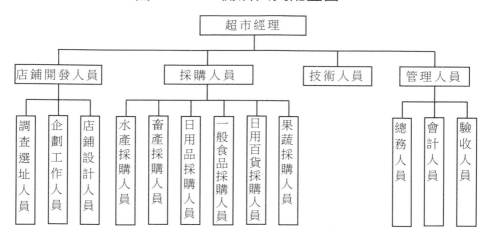

(2)採購人員的工作職責：商品採購種類構成的確定；商品採購
的價格設定；競爭店重點商品售價調查；選擇合作商與商品；進貨
管理規定的擬訂；採購時間表的制定；訂貨、驗貨等步驟的管理規
定；物流搬運工具設施的準備。

(3)總務人員的工作職責：人事召募；各部需求準備與分配；人
事規章制度的制定；營業執照及其他證照的辦理。

# 第 **4** 章

# 連鎖店的投資可行性分析

## 第一節　新店鋪投資可行性分析內容

　　店鋪投資的可行性研究是指投資者擬投資開設一家店鋪，為使這一店鋪能夠在激烈的市場競爭中得以生存和發展，實現預期的經營目標，在投資前必須進行認真調查、研究有關的自然、社會、經濟、技術資料；對諸如店鋪開設所需的資金、商業業態的選擇、建設規模、店址的確定等可能的投資方案進行全面的分析論證；預測、評價項目建成後的經濟效益和社會效益，並在此基礎上，綜合論證項目投資建設的必要性，財務上的營利性和經濟上的合理性，從而為投資決策提供科學依據的工作。

　　店鋪開發的可行性研究的內容，包括以下內容：

### 1. 宏觀的投資環境分析

　　任何投資活動都是在一定的環境中進行的，應不應該投資、如

何投資、投資效果如何都要受到環境的各種因素影響。因此，投資建一家店鋪首先就要對投資環境進行深入透徹的分析，透過分析找出有利與不利因素，尋求投資機會，以便決定是否進行下一步工作。店鋪的宏觀投資環境分析的主要內容有：

- 國內商業發展現狀分析。
- 未來幾年影響商業發展的宏觀因素分析。
- 未來幾年影響商業發展的國際環境分析，如世界的戰爭與和平情況、各國間的商貿發展趨勢等；中國加入 WTO 後對國內商業發展的影響等。

### 2. 地區行業概況分析

包括該地區的商業運作特點、整體發展狀況和趨勢、商業網點佈局及規模、各種零售業態的優勢及劣勢比較、外商進入情況等。

### 3. 地區市場需求分析

包括對投資地區人口數量、人口結構、收入水準、消費習慣、對各種商品需求量等情況的調查和預測。

### 4. 地區主要店鋪的競爭狀況調查分析

商場如戰場，這是早已被人們所接受的觀點。在一個地區開設店鋪，第一要研究消費者，第二就要研究競爭對手。所謂「知己知彼，百戰不殆」。現在店鋪應該圍繞兩個中心展開工作，一是以消費者為中心，二是以競爭者為中心。因此，對該地區的競爭情況進行深入的調查是可行性研究的一項重要內容，也是決定店鋪能否成功的關鍵因素。

### 5. 店鋪業態選擇和經營規模分析

根據上述的調查分析結果，結合投資者的資金實力及經營管理

能力等因素,也就是依據需要與可能來確定擬建店鋪的經營業態和店鋪經營規模。

## 6.店鋪選址分析

店鋪位址選擇的重要性無論如何形容都不過分。這是因為:店鋪位址選擇是一項大的、長期性投資,關係企業的發展前途;店鋪的選址是店鋪經營目標和制定經營策略的重要依據;選址是否得當,是影響店鋪經濟效益的重要因素;店鋪的店址是店鋪市場形象的表現和基礎。

## 7.店鋪賣場佈局策劃分析

店鋪賣場佈局策劃是指對店鋪實體的內部進行科學、合理、藝術的設計,從而造成一種巨大的商業活動藝術氣氛。店鋪的佈局是否科學、合理、有藝術感會對店鋪的日後經營效果產生重大的影響。

## 8.店鋪經營策略分析

包括組織機構的設計、商品組合策略、價格策略、促銷策略、服務策略等。選擇好各種策略是店鋪今後經營成功的基本保障。

## 9.投資估算和籌資方案分析

準確地估算投資項目所需投資額及選擇合適的籌資管道,是影響店鋪經濟效益的重要因素。

## 10.經濟效益分析

投資專案的效益是投資決策的主要根據。專案效益的評價因其追求的目標不同分為企業財務效益評價、國民經濟效益評價與社會效益評價三部份。店鋪投資的經濟評價的重點是財務效益評價。透過財務效益評價,分析測算店鋪的效益和費用,考察店鋪的獲利能力、清償能力等財務狀況,據以判斷店鋪財務上的可行性。

### 11.鋪開發可行性的結論

店鋪投資開發是否具有可行性是在上述綜合分析與評價的基礎上，對店鋪專案進行綜合分析與論證，提出綜合的分析與評價意見。其主要內容是：

· 店鋪是否有開發的必要。

· 店鋪開發的物質條件、基礎條件和資金條件是否具備，可以建多大規模的店鋪。

· 所選用的技術、設備是否先進、適用、安全、配套、可靠。

· 專案投產後的財務效益、國民經濟效益和社會效益如何。

· 備選方案及對專案決策的建議。

總之，可行性研究就是透過對建設方案的綜合分析評價與方案選擇，從技術、經濟、社會以及專案財務等方面論述建設項目的可行性，推薦可行性方案，提供投資決策參考，指出專案存在的問題、改進建議及結論意見。

# 第二節 開店投資開發構成分析

商店開發的可行性研究中經濟評價是核心，而投資估算是經濟評價工作的基礎。投資估算是決定商店是否建設、銀行能否貸款的依據，其準確程度將直接影響商店投資的經濟效益。而投資多少，即投資規模的大小將決定商店的規模、檔次及次日的經濟效益。

因商店的類型、規模、經營方式不同，其所需資金數量相差很大。如建一個上萬平方米的大型商店和開一家幾十平方米的小店所

需投資有天壤之別；商店自己建業還是租用他人房產所需資金也不同；連鎖商店是否建配送中心；是獨立開店，還是加盟到他人旗下等不同情況所需投資的結構、數量及計算方法都不同。

　　商店投資項目的總投資是指擬建專案全部建成、投入營運所需的費用總和。建成一個商店並正常營業，必須具備足夠的資產。把建設商店的各類資產分為 4 大類，即固定資產、流動資產、無形資產、遞延資產。

　　在專案的可行陸研究和經濟評價中，對投資專案總投資的估算，主要是對專案所需的固定資產投資、流動資產投資、無形資產投資和遞延資產投資的估算。

　　商店開業前籌資，主要是為了自身的興起和發展，因而籌集資金的規模和效率必須及商店的規模和經營目標相吻合。各類商店由於經營性質的不同和組織形式的差別，對資金的需要量也不同。但基本標準都是使資金的籌集量與需求量達到平衡，既要防止因籌資不足而影響商店的正常開業經營，又要避免因籌資過剩而降低籌資效益。為達到這一目的，首先應將商店籌備期間所需資金的種類進行細分估算，然後在此基礎上確定合理的資金需要量和籌集量。

### 圖 4-2-1　商店投資項目總投資的構成

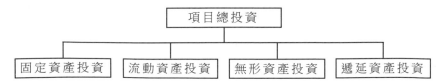

# 一、商店開發的固定資產投資

固定資產是指企業使用期限超過 1 年的房屋、建築物、機器、機械、運輸工具以及其他與生產、經營有關的設備、器具、工具等。不屬於生產經營主要設備的物品，單位價值在 2000 元以上，並且使用年限超過兩年的，也應當作為固定資產。固定資產是企業的勞動手段，也是企業賴以生產經營的主要資產。固定資產投資額是開始建設到建成為止的這段時間裏面用於購置和形成固定資產的投資額。

## 圖 4-2-2　固定資產投資的費用構成

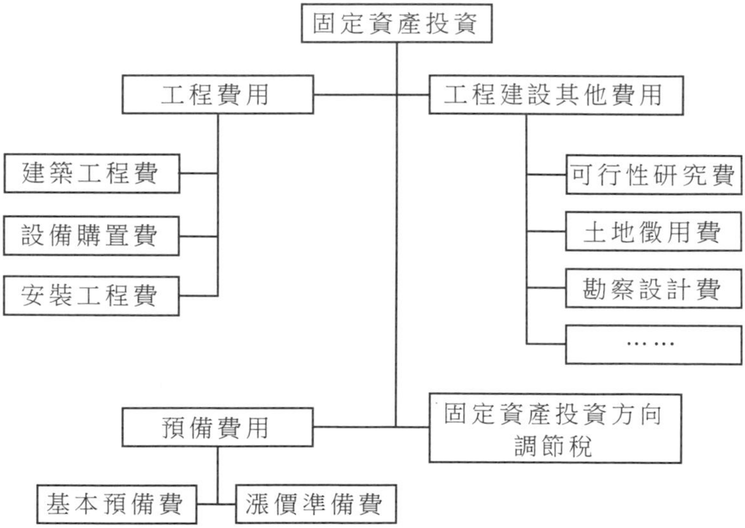

商店業是個資金密集型行業，固定資產投資額較大，一般要佔總投資額的 80%左右，因此固定資產投資管理得如何對商店財務成

果影響較大,而且固定資產一般使用年限長,一旦投入往往難以改變,投資決策成功與否對商店未來的發展方向、發展速度和獲利能力都有重大的影響。

## 二、商店開發的流動資產投資

流動資產是指可以在一年或長於一年的一個營業週期內變更或加以運用的資產,一般包括現金、銀行存款、短期投資、應收及預付款和存貨等。流動資產投資就是指形成投資專案所需流動資產而墊付的流動資金。流動資產是商店擁有的各項資產中最具流動性,或稱變現能力最強的資產,其投資前對流動資產投資的估量準確與否及在營業中運用是否合理恰當,直接影響到商店的經濟效益和經營成敗。

### 1. 現金

這裏所講的現金(包括銀行存款)就是熟悉的貨幣資金。由於現金是唯一能夠轉化為其他任何類型資產的資產,商店裏各項經濟業務大都須經過現金收支這一過程。

在一個商店所擁有的各項資產中,現金是最具有流動性(即變現能力)的一項資產,作為標準的支付手段,商店需要用現金去支付經營過程中發生的各項費用開支。如購置資產、償還債務等,要求商店必須維持充足的現金量,以保證商店資產的順利週轉,維持正常的經營活動。

### 2. 存貨

存貨是指商店在經營過程中為銷售、生產或耗用而存儲的商

品、產成品、半成品以及各類原材料、燃料、包裝物和低值易耗品等。由於商店業的特性,商店存貨的內容與生產性企業有所不同。根據新制度規定,商店存貨主要包括了各種材料、燃料、物料用品、低值易耗品、商品等。

### 3. 應收及預付款項

現代商店是以接待國際、國內購物者為主要對象的經濟實體,它除了提供購物等基本服務外,還提供娛樂、飲食等服務,為提高商店服務水準和管理水準,同時為方便顧客,加強商店市場競爭力,大多數商店均實行一次性結賬服務,另外,賒銷商品與勞務已日漸成為促成商品經濟發展的原因之一。所以,商店與顧客、供應商等會經常發生賒購業務,賒購額在商店日常發生的營業額中所佔的比重也越來越大,相應地,這部份應收款項因某些原因轉換成不可收回的壞賬的風險也難以避免。應收及預付存款是指商店所擁有的將來收取貨幣資金或得到商品和勞務的各種權利。

### 4. 商店的短期資產

商店的短期投資是指商店購入各種能隨時變現或轉讓的債權或股票等有價證券,獲取一定的利息或股利收益的行為。

在經營過程中,商店利用限制資金進行短期投資,主要根據有價證券的形式而有所區分。

## 三、商店開發的無形資產投資

無形資產是指商店長期使用而沒有實物形態,能夠在商店經營中長期發揮作用的權利、技術等特殊資產。它一般包括專利權、商

標權、著作權、非專利技術、土地使用權、商譽等。

　　無形資產投資指取得投資專案所需的無形資產而發生的投資支出。無形資產作為一種資產形式，具有其自身的價值。

· 購入無形資產，例如從其他單位購人的專利權等。

· 自創無形資產，如企業自身摸索出的配方和製作經驗等非專利技術。

· 外單位投資轉入。

# 四、商店開發的遞延資產投資

　　商店除了固定資產、流動資產、無形資產以外，還有一種遞延性質的資產。它是指不能計人當年損益，應當在以後年度分期攤銷的各種費用。其中包括開辦費、以經營租賃方式租人的固定資產改良支出，以及對原有固定資產進行裝修、裝潢等的淨支出等。

　　以經營租賃方式租人的固定資產改良支出，按照有效租賃期限和耐用年限的原則分期攤銷。

　　固定資產的裝修、裝潢淨支出按裝修、裝潢後固定資產的使用年限分期攤銷。

# 第三節　新店鋪的銷售額預測法

連鎖業開立新商店，要事先預測它這店的銷售額，方法至少有下列 3 種：類比分析法、多元回歸分析法、商業引力模型法。

## 一、類比分析法

這個方法很容易叫成「相似商店法」。假設超市想在市區開一家新店，由於它在市區某一個地點做得非常好，那麼它　就會找一個具有同樣地區特徵的地點開店。既然我們能夠預測目前商圈的大小和顧客的消費類型，就可以把它們與新的潛在銷售區作一下比較。這樣，我們能透過對目前店鋪的顧客人口統計資訊、競爭狀況和銷售狀況的瞭解，對某個新店址的潛在規模與銷售額做出預測。

類比分析法可以分為三個步驟。第一步，顧客定位，主要是指透過研究匯總或地理資訊系統在地圖上確定顧客的位置。第二步，根據商圈中消費者特徵將顧客位置進行分類，如核心商圈、次級商圈、邊緣商圈。第三步，透過對現有商店與潛在店址的特徵進行比較，能夠做出銷售預測，找出最佳店址。

然而需要注意的是，發現類似的情況可能並不簡單，類比程度越弱，銷售預測也就越困難。當一個連鎖業擁有的店鋪數量較少時（如 20 家或更少），類比分析法就越有效。甚至像只有一個店鋪的商家也能採用這種方法。隨著店鋪數量的增加，分析員有效處理資

料就變得越困難。這時就需要更多的分析法,如多元回歸分析法。

## 二、多元回歸分析法

這種分析法通常適用於那些超過 20 家連鎖店的連鎖業來分析
商圈的潛在需求量的情況。雖然它使用的邏輯與類比分析法有點相
似,但它是根據統計資料而非主觀判斷來預測新店的銷售額。最初
的兩個步驟與類比分析法相同,第三步開始就與類比分析法不一樣
了。它並不是透過店址分析員的主觀經驗來比較現有和潛在銷售點
的特徵,而是採用了一個資料等式方法來解決問題。這個等式方法
分二個步驟展開。

⑴步驟一:選擇合適的衡量指標和變數

用來預測銷售業績的變數包括人口統計資料和每個店鋪商圈
的消費者生活習慣、商業環境、商店形象、房產條件、競爭狀況等
多種因素,分析的店鋪形態不同則變數也不同。例如,在預測一家
新的珠寶首飾店的銷售額時,家庭收入可能是一個重要的因素,而
在預測麥當勞店時,每個家庭的學齡兒童數將是一個合適的指標。

⑵步驟二:解這個回歸方程,並用結果預測新銷售點的業績

店鋪業績衡量指標和預測變數資料將用來計算回歸方程。回歸
分析的結論是一個方程序,方程的變數已被指定。

## 三、商業引力模型法

目前常見的計算方法是,如果知道商圈內在某品類(如食品)

的總消費額，那麼總消費額乘以該商圈內顧客到某一家店鋪去購物的概率，就可以估算出該商圈內顧客在該店鋪的消費額。而且為了體現核心商圈、次級商圈以及邊緣商圈的不同，對其採取了不同的概率。

當可得到資料的店鋪數目小於 20 家時，類比分析法和商業引力模型法最好。相反，遇到許多能預測銷售額的變數時，用多元回歸分析法最好，因為如果用類比分析法這樣的人工分析系統處理這些變數時就會很困難。最後要說明的一點是，由於引力模型並不經常用到人口統計變數，實際中人們主要把它與類比分析法或多元回歸分析法結合起來加以運用。

當然還有一些更加簡便的銷售預測方法，如根據目前商圈內的單位面積效率乘以店鋪面積即可粗略估計。對於那些不方便使用引力模型的小型寄生店鋪來說可以直接統計門前客流量，然後乘以進店率、成交率與客單價來進行簡單估計。但是無論那種方法，可用的資料越多，得到的結論就越準確。所以，如果連鎖業運用所有的方法得到了相同的結論，那麼這個結論就更準確。

# 第四節　新店鋪的獲利額預測

　　店鋪開發財務評價是投資店鋪經濟評價的重要組成部份，它是在國家現行財稅制度和價格體系的條件下，計算店鋪的效益和費用，編制財務報表，計算評價指標，分析店鋪的贏利能力、清償能力等財務狀況，以考察店鋪在財務上的可行性。

　　租金上漲、選址困難正在成為各種商店拓展中的一大障礙。便利店行業中的贏利者本屬鳳毛麟角，而高價房租使其面臨新一輪的挑戰。便利店一位負責人表示，2006 年，開一家 $60\sim70m^2$ 的商店，租金每年要 70 萬元，而 2007 年開同樣的商店，租金要 90 萬元左右。一年間上漲了近 20%。

　　據瞭解，其他便利店也遇到了類似情況。2007 年有 30 家商店租約到期，上半年續簽了五六家，但由於前 5 年合同期間，房租本身是以 5%～10%的速度逐年遞增的，綜合下來也很可觀。

　　為了維持消費群體的穩定，商家又不敢把這部份上漲的租金轉嫁給消費者，只能壓縮自己的利潤空間。而且，一旦商店租金大幅上漲，擺在零售企業面前的只有兩條路；要麼壓縮利潤甚至虧本經營；要麼關店，重新選址開張。但是網點資源稀缺，經營成本居高不下，「企業騎虎難下，關店重新選址的前景並不樂觀」，而「便利店一般選址在高檔寫字樓、居民區、車站、碼頭等人流量比較集中的區域，在經營期間，已經培育了一大批忠實的顧客，除非萬不得已，否則企業不捨得選擇關店」。

### 1. 投資利潤率

投資利潤率是指店鋪正常營業後的一個正常經營年份的年利潤總額與總投資的比率，是考察店鋪贏利能力的靜態指標。如果店鋪經營期內各年的利潤總額相差較大，應計算經營期年平均利潤總額與總投資的比值。其計算公式為

投資利潤率＝年利潤總額或年平均利潤總額/總投資×100%

年利潤總額＝年產品銷售（營業）收入－年產品銷售稅金及附加－年總成本費用

總投資＝固定資產投資+資方向調節稅＋建設期利息＋流動資金

財務評價時，要將投資利潤率與行業平均投資利潤率對比，以判別店鋪投資贏利能力能否達到本行業的平均水準。

### 2. 資本金利潤率

資本金利潤率是指店鋪達到正常生產經營能力後的一個正常生產年份的年利潤總額或生產經營期內年平均利潤總額與資本金的比率，它是反映投入店鋪的資本金的贏利能力。其計算公式為

資本金利潤率＝年利潤總額或年平均利潤總額/資本金×100%

### 3. 銷售利潤率

銷售利潤率是指店鋪營業後年平均利潤總額與年平均銷售收入的比值。其計算公式為：

銷售利潤率＝年平均利潤總額/年平均銷售收入×100%

### 4. 投資收益率

正常年份的淨收益與總投資之比稱為投資收益率，它是反映店鋪獲利能力的一個指標。這裏的淨收益包括利潤和固定資產折舊兩

部份·因為雖然折舊是固定資產磨損的補償,但其真正的投入並不是在日後被計入成本之時,而是在投產前固定資產投資時。因此,當折舊在各年計入成本時,企業得到的卻是現金收入,它和利潤一起都是企業當年的真正利益。其計算公式為

投資收益率＝(年利潤額＋年折舊額)/投資總額

### 5. 投資回收期

投資回收期是指店鋪從開始運營算起,到用每年的淨收益將初始投資全部回收時止所需要的時間,其單位通常用「年」表示。

計算投資回收期,根據是否考慮資金的時間因素,可分為靜態投資回收期(不考慮時間因素)和動態投資回收期(考慮時間因素)。所求得的投資回收期,應與行業規定的標準投資回收期進行比較。

# 第五節　店鋪開發的盈虧平衡分析

不確定性分析，需要對影響店鋪經濟評價結論較大的因素（不確定性因素）進行分析，並判斷這些因素的變化，對店鋪經濟評價結論的影響程度，判斷店鋪決策所面臨的風險大小，從而使店鋪經濟評價的結論更科學。

不確定性分析通常包括盈虧平衡分析、敏感性分析和風險分析。

## 1. 盈虧平衡分析的概念

盈虧平衡分析稱為損益平衡分析，它是根據店鋪在正常經營年份的銷售量、成本費用、產品銷售單價和銷售稅金等資料，計算和分析銷售量、成本和利潤這三者之間的關係，從中找到三者之間聯繫的規律，並確定成本和收入相等時的盈虧平衡點的一種分析方法。在盈虧平衡點上，投資店鋪既無贏利，也不虧損。透過盈虧平衡分析可以看出投資店鋪對市場需求變化的適應能力。

應用盈虧平衡分析法進行盈虧分析的關鍵問題是找出店鋪的盈虧平衡點，即利潤為零時的業務量。盈虧平衡點又稱為保本點，是待建店鋪必須實現的最低銷售額。如果達不到該指標，表明該店鋪沒有建立的必要，必須放棄，否則必須使銷售額增加或使使用費率下降。

## 2. 損益平衡點計算方法

損益平衡點是店鋪收入與支出相等時的營業額。超過此營業

額,店鋪則產生盈餘;低於此營業額,即表示虧損。因為店鋪實際利潤＝稅前利潤－分擔總部費用(連鎖店時),而稅前利潤＝銷貨毛利－變動費用－固定費用,銷貨毛利＝營業收入(銷售額)－銷貨成本,當店鋪利潤為零時,推出損益平衡點計算公式如下:

損益平衡點銷售額＝固定費用/[銷貨毛利率－變動費用/肖售額(變動費用率)]

式中,固定費用為將上述每月的固定支出項目(如員工薪資、公用事業費、水電費、電話費、煤氣費、房地產成本攤提、固定租金、折舊攤提、押金利息、開店貸款利息、保險費用、會計師簽證費用、修繕保養費等)累加起來。變動費用率為直接營運成本、包裝費、廣告促銷費、計時薪資等會隨營業額的變動而變動的費用累加之後所佔營業額的百分比。

### 3. 經營安全率計算法

經營安全率＝(1－損益平衡點銷售額/預期銷售額)×100%

這一比例是衡量連鎖店各店鋪經營狀況的重要指標,一般測定的標準為:安全率 30%以上為優秀店;21%～30%為優良店;10%～20%為一般店;10%以下為不良店。

### 4. 盈虧平衡分析法的用途

由於盈虧平衡分析法可以反映上述關係,因此它在投資決策中有以下幾個主要用途。

在給定產品售價、固定費用和變動費用的條件下,可以確定生產或銷售多少產品(業務量)可以達到保本。即確定利潤為零的企業銷售水準。由此也可確定企業在實現目標利潤時的銷售水準。

例如,某速食店每月的固定費用是 5000 元,每月平均的客單

價(客人平均單次消費金額)是 10 元/次,單位交易變動成本是 5 元/次(包括銷貨成本與變動費用),試問該速食店每月至少要有多少交易量才可能有利潤?

將各因素代入損益平衡點公式詳細分析。

損益平衡點銷售額=固定費用/〔銷貨毛利率－變動費/銷售額(即變動費用率)〕

銷貨毛利率－變動費用率=(客單價－單位銷貨成本)/客單價－單位變動費用/客單價=(客單價－單位銷貨成本－單位變動費用)/客單價=[客單價－(單位銷貨成本＋單位變動費用)]/客單價

而單位銷貨成本與單位變動費用之和為 5 元,所以該案例中銷貨毛利率－變動費用率=(10-5)/10=50%。

損益－平衡點銷售額=5000/50%=10000(元),而客單價為 10 元,因此該速食店每月至少要有超過 1000 次(10000/10)的成交量才有可能有利潤。

## 5. 敏感性分析

敏感性分析是經濟決策中常用的一種不確定性分析方法,敏感性分析的任務是要建立起店鋪的經濟效益指標與不確定性因素的對應關係,觀察不確定性因素變化所引起的經濟效益指標的變動幅度,確定那些是敏感性因素,那些是不敏感性因素,並分析敏感性因素對店鋪經濟評價指標的影響程度,為店鋪的正確決策提供依據。

敏感性分析可以分為單因素敏感性分析和多因素敏感性分析。如果在考慮一個不確定時素對店鋪的經濟效益指標的影響時,是以假設其他因素均不變化為前提的,那麼這種敏感性分析就是單

因素敏感性分析，即通常所說的敏感性分析。如果同時考慮兩個或兩個以上的不確定因素對經濟效益指標的影響，那麼這種敏感性分析就是多因素敏感性分析。

# 第六節　（案例）連鎖新店可行性分析

某業者在臺灣開設超市多年，又到大陸內地投資開設連鎖超市。超市經營的成功，取決於店址、固定成本的大小、商品的組合、價格分類定位、促銷手段、服務體系、商品成本等多種因素。

## 一、市場前景分析

⑴日用百貨、食品生鮮、副食是老百姓日常基本消費品、必需品，市場前景廣闊。基本消費的增長雖符合恩格爾係數規律，但據統計局統計，近幾年人們的基本消費額的增長平均保持在 5%的速度上。日用消費品屬於需求價格彈性和收入價格彈性小的一類商品，故在競爭格局基本確定的情況下，市場需求風險不大，更不存在風險。

⑵A 住宅區是不斷發展中的中高檔住宅區，住戶收入水準屬於中上階層，人均月收入在 3000 元（人民幣，下同）以上。以 A 住宅區為中心，半徑 1.5km 的商圈內常住人口和流動人口達 5 萬，每人每月以購買 500 元日常消費品為基準，若有 40%的消費在本超市進行，則月銷售可達到　50000×500×0.44＝10000000(元)。

(3)地理位置優越，公路交通便利，環境佈局合理。

(4)競爭環境寬鬆，目前 A 住宅區僅有一家小型超市，消費潛力遠未開發，不足以形成威脅，商圈內居民區稠密。如做得成功可吸引週邊人口來超市消費。

## 二、經營面積

以 $1500m^2$ 為宜。

## 三、投入產出分析

### 1. 固定成本

(1)年租金

單位面積月租金設為 60 元 $/m^2$，年租金為：

單位面積月租金 $\times 12 \times$ 經營面積 $= 60 \times 12 \times 1500 = 108$(萬元)

(2)基本裝修年攤銷額

以五折折舊的期限計：100/5 = 20(萬元)

(3)收銀系統年攤銷額

以五年折舊的期限計：10/5 = 2(萬元)

(4)貨架年攤銷額

以五年折舊的期限計：15/5 = 3(萬元)

(5)冷櫃年折舊

以五年折舊的期限計：6(萬元)

(6)冷氣系統年折舊

以五年折舊的期限計：3(萬元)

(7)水電費

設月水電費為 8 萬元，年水電費為 96 萬元

⑻人員薪資

業務人員及管理人員：$4000 \times 12 \times 15 = 72$(萬元)

營業人員：$1200 \times 12 \times 20 = 28.8$(萬元)

⑼辦公設備及用品

辦公設備及用品按五五攤銷法計人當年成本：$5/2 = 2.5$(萬元)

不可預見費：$20$(萬元)

合計：$361.3$(萬元)

## 2. 變動成本

變動成本主要是產品進貨成本，包括經銷成本、代銷成本、租賃方式的成本。其總的變動成本按銷售額的 85% 計算。

## 3. 年平均利潤

年平均利率為 15%。

## 4. 保本銷售額

年固定成本(F)＋年總變動成本(V)＝保本銷售額(Q)

即

$F + V = Q$

$F + Q \times 85\% = Q$

$Q = F/0.15 = 361.3/0.15 = 2408.7$(萬元)

每日保本銷售額：$2408.7/365 = 6.6$(萬元)

## 四、利潤概算

### 1. 年銷售額

$10 \times 365 = 3650$(萬元)

⑴年利潤額

年毛利－固定成本＝3650/1.17×15％－361＝107(萬元)

⑵稅後利潤

年利潤總額×85％＝91(萬元)

應交稅金：銷項稅－進項稅＋所得稅＝530－450＋16＝96(萬元)

## 2.經營方式

⑴可考慮租房經營，亦可以考慮與房產商合作經營，這樣更能減少經營風險。

⑵銷售方式以現代超市的自選方式為主，結合送貨、電話方式、網上購物方式。

⑶商品採購方式採用以代銷、聯營基礎上的代銷、經銷、聯營、租賃等多種方式相結合，以備供應商選擇。

⑷貨款支付方式可採用月結和定額結算方式，輔之以購銷和專櫃方式。

⑸積極開展促銷活動，包括媒體宣傳、中獎、買×送×、部份商品季節性活動打折、加強購物的服務功能等花樣翻新的適宜的促銷方式。

# 第 **5** 章

# 連鎖店的開店商圈調查

選址人員必須構建出一個可以分步實施和操作的選址流程，透過一系列具有邏輯關係的評估工作，最終根據店鋪的類型特點確定合適的區位，不同類型的店鋪對選址的要求不一樣，它們的商圈也存在相當大的差異，所以企業的開發策略確定之後，商圈分析就是下一步具體工作的開始。

# 第一節　商圈的概念

商圈也稱做交易區域，是指以店鋪所在地為中心，沿著一定的方向和距離擴展，吸引顧客的輻射範圍。簡而言之，商圈就是店鋪吸引其顧客的地理區域，也就是來店購買商品的顧客居住的地理範圍、從商圈的定義中可以推導出以下幾個重要的概念。

商圈是一個以店鋪為中心的地理範圍。商圈的地理範圍是以其吸引顧客來店的最大半徑為界定標準的。不同的店鋪吸引顧客的能力存在差異，因此商圈範圍也不一樣。例如，典型的購物中心的商圈範圍可以超出其所在城市的區域，輻射的最大半徑可以達到 100 多千米，而位於居民區的便利店其商圈輻射的最大半徑通常不會超過 500 米。在現實條件下，大部份店鋪的商圈都存在彼此重疊的情況。

## 圖 5-1-1 商圈構成圖

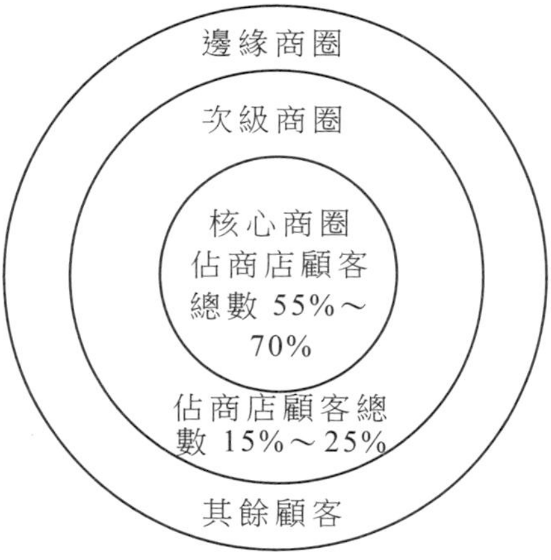

邊緣商圈

次級商圈

核心商圈
佔商店顧客
總數 55%～
70%

佔商店顧客總
數 15%～25%

其餘顧客

商圈的設定必須在及時充分掌握市場訊息的基礎上進行，獲得這些相關資訊的重要方法就是商圈調查。當前供求矛盾的主要方面，已由「賣方市場」轉變為「買方市場」，這就使得連鎖經營中商品的品種構成和銷售情況成為決定企業命運的關鍵。因為一方面，每一顧客群總會表現出特定的消費特徵，商店在既定地區開展經營，經營的商品只有投目標顧客所好，才能吸引潛在的顧客，商圈規模才會延伸擴大；反之，商圈規模會因此逐漸收縮。另一方面，

撇開顧客自身的不同,商圈規模大小與商品購買頻率成反向比例關係。如人們日常生活必需品,購買頻率高,往往是就近購買,主要表現為求便心理,所以經營此類商品的連鎖店顧客主要來自居住區內的人口,商圈規模就小;而耐用消費品,消費週期長,偶然性需求商品,購買頻率低,經營這類商品的連鎖店顧客來源少,相對來說,商圈規模較大;另外,經營特殊性商品的連鎖店,其商圈規模可能更大。企業要實現迅速擴張,必須不斷開發適應消費需要的商品,擴張分店規模。透過商圈調查,企業可以瞭解消費者需求的準確情況。

# 第二節　影響商圈範圍的因素

## 1. 店鋪開設形態

通常來講,店鋪的開設有兩種最常見的形態。一種是地鋪店,即店鋪直接開設在街道上,顧客直接進入店鋪中,如街道上位於一樓的各獨立店鋪等;另一種則是店鋪依附在某大型的商業網點中,顧客購物是先對大型商業網點產生光顧興趣,然後再進入店鋪購物。這種大型商業網點最常見的代表就是百貨公司、購物中心等。這兩種開店方式在商圈界定方式上存在明顯差異。獨立開沒的地鋪店,可以直接以該店鋪為中心再根據輻射半徑劃分商圈範圍,而對於依附在大型商業網點中的寄生店,其商圈的界定應以該大型商業網點的商業範圍為標準。

## 2. 店鋪規模

一般來說，店鋪規模越大，其市場吸引力越強，從而有利於擴大其銷售商圈，這是因為店鋪規模大，可以為顧客提供品種更齊全的選擇性商品，服務專案也隨之增多，吸引顧客的範圍也就越大。當然，店鋪的規模與其商圈的範圍並不一定成比例增長，因為商圈範圍的大小還有其他因素的影響。

## 3. 經營商品的種類

對於經營居民日常生活所需的食品和日用品，如食品、牙膏、衛生紙等的店鋪，一般商圈較小，只限於附近的幾個街區。這些商品購買頻率高，顧客購買此類商品，常為求方便，不願在比較價格或在品牌上花費太多時間。而經營選擇性強、技術性強、需提供售後服務的商品以及滿足特殊需要的商品，如服裝、珠寶、傢俱、電器等，由於顧客購買此類商品時需要花費較多時間精心比較商品的適用性、品質、價格及式樣之後才確認購買，甚至只認準某一個品牌，因而店鋪需要以數千米或更大的半徑作為其商圈範圍。

## 4. 店鋪經營水準及信譽

一個經營水準高、信譽好的店鋪，由於具有頗高的知名度和信譽度，吸引許多慕名前來的顧客，因而可以擴大自己的商圈。即使兩家規模相同，又坐落在同一個地區、街道的店鋪，因其經營水準不一樣，吸引力也完全不一樣。例如，一家店鋪經營水準高、商品齊全、服務優良，並在消費者中建立了良好的形象，聲譽較好，其商圈範圍可能比另一家店鋪大好多倍。

## 5. 促銷策略

商圈規模可以透過廣告宣傳、推銷方式、公共關係等各種促銷

手段贏得顧客,如優惠酬賓、有獎銷售、禮品券等方式都可能擴大商圈的邊緣範圍。香港百佳、惠康超級市場經常大做廣告,透過每週推出一批特價商品來吸引邊緣商圈顧客前來購買。

## 6. 競爭對手的位置

競爭對手的位置對商圈大小也有影響。如果兩家競爭的店鋪間具有一段路程,而潛在顧客又居於期間,則兩家店鋪的商圈都會縮小;相反,如果同業店鋪相鄰而設,由於零售業的集聚效應,顧客會因有更多的選擇機會而被吸引前來,則商圈可能因競爭而擴大。

## 7. 交通狀況

交通地理條件也影響著商圈的大小,交通條件便利,會擴大商圈範圍,反之會縮小商圈範圍。很多地理上的障礙如收費橋樑、隧道、河流、鐵路,以及城市交通管理設施等,通常都會影響商圈的規模。但是此處需要注意的是大店和小店對交通的預期不同,大店希望週邊交通改善,以便更遠處的顧客都能方便地過來,一定程度上,小店不希望交通改善,因為小店的優勢之一就是距離近,交通便利,一旦外部交通改善之後,它的便利優勢便下降了,很可能出現購買力外流的情況,其自有商圈反而縮小。

## 8. 時間因素

無論採取那種方法劃定商圈,都要考慮時間因素。例如,平日與節假日的顧客來源構成比重不同;節假日前後與節假日期間顧客來源構成比重不同;開業不久的店鋪在開業期間可能吸引較遠距離的顧客,在此之後商圈範圍則可能逐漸縮小。所以要正確估計商圈的範圍,必須經常不斷地進行調查。

# 第三節　商圈分析是開店選址的前提

通常來說，商圈是以商店設定地點為圓心，以週圍一定距離為半徑所劃定的範圍，然而，這僅僅是原則性的標準。實際上，在從事商圈設定時還必須考慮商店的業種、商品特性、交通網分佈等諸項。如一般小型的連鎖店，其商圈設定的因素可能會考慮商店週圍人口分佈的密度以及徒步多少分鐘可能來店的範圍。對一家大型連鎖店而言，其商圈設定的因素除了週圍的地區之外，交通網分佈的情形就必須考慮，顧客利用各種交通工具很容易來店的地區均可列為商圈範圍。

在新開店鋪的運營過程中，如何進行市場開拓是一個非常重要的問題。顯然，店鋪經營方向、策略的制定和調整，總要立足於商圈內各種環境因素的現狀及其發展趨勢。透過商圈分析，店鋪可以很快確定其商圈的範圍和層次，可以幫助經營者明確那些是本店鋪的基本顧客群，那些是潛在顧客群。力求在保持基本顧客群的同時，大力吸引潛在顧客群，制定市場開拓戰略，不斷延伸經營觸角，擴大商圈範圍，提高市場佔有率。

商圈調查主要以人口、購買力和購買慾望這三個方面以及商業環境考評內容為核心，並向外延伸到其他一些支持店鋪運營的條件而構成的一個完整指標體系。

## 1. 人口統計特徵分析的內容

⑴基本規模，包括人口總量、戶數、自然增長率（出生率、死

亡率)、人口的分佈密度等。

(2)結構狀況·包括性別比例、年齡比例、家庭構成等,透過瞭解家庭戶數變動情況、家庭人口數、成員狀況、人員變化趨勢,洞悉都市化的發展與生活形態的關係。

(3)就業狀況,包括各產業的就業人口分佈、失業率、就業率等。

(4)發展變動狀況,包括以往至少十年的統計資料資料等。

## 2. 購買力

購買力也叫購買能力,在一些經濟報導或資料上也直接稱為消費實力或消費水準。在商圈分析中,主要進行宏觀層面的測量。宏觀層面上的測量要將消費者看成是一個無差異的整體,從整個市場消費者的整體活動結果來對其購買力做出評判,宏觀層面上進行的購買力測量可以直接在統計公報或年鑑上查找有關的統計指標資料。

## 3. 購買慾望

購買慾望也叫消費慾望,它是消費者願意購買消費性商品和服務的意願及傾向。

消費者對商品/服務的喜好和接受程度也是影響購買慾望的一項重要因素、如果消費者普遍對該商品朋艮務有著強烈的興趣,則意味著顧客潛在的消費慾望會較大,潛在的消費規模也較大,市場前景可能較好;如果消費者普遍對該商品服務的興趣一般,則意味著市場上同類商品/服務較多,消費者有充分的替代商品可以選擇,或該種商品/服務沒有明顯的競爭優勢。

## 4. 商業環境

商業環境部份主要是對市場總體宏觀環境的評價。

# 第四節 如何製作商圈地圖

## 1. 準備基本資料

· 各行政區人口數、戶數的分佈情況。

· 競爭店的位置分佈情況。

· 住宅區的位置分佈情況。

· 等高線地形。

· 城市規劃圖。

## 2. 製作地圖

將基本資料繪入地圖，具體做法如下：

確定各行政區的人口數、戶數分佈。如用市區地圖製作，應準備 1/10000（1：10000）比例的地圖；如用市郊地圖或小鎮地圖製作，則準備 1：25000 的地圖即可。以千米為單位，劃分行政區，填入人口數、戶數。

製作競爭店位置分佈圖。在地圖上標出開店預定地，記人競爭店的面積、營業額、，按一定原則確定半徑，在地圖上畫圖。不同業態的輻射範圍標準不同，假設商圈範圍按以下方法確定：面積在 500m$^2$ 以下的超市，以 300m 為半徑畫圓；面積在 500m$^2$ 以上的超市，以 500m 為半徑畫圓。商業街則從其兩端，以 600m 為半徑畫圓；面積在 1500m$^2$ 以上的超市，以 1000m 為半徑畫圓。

製作住戶分佈圖。在競爭店位置分佈圖上標出每條街道及其戶數（記住一定要推測空白地區的戶數，這些地區將來可能會成為住

宅區),可先確定半徑為 500m 的商圈內的戶數。

製作住宅地圖。需要調查競爭店的正確位置。設定商圈後,計算商圈內的住戶數。做完立地調查後,可以在該圖中記人專營店的業種、店鋪規模。

製作地形圖。確定阻礙購物行為的原因,利用顏色淺的色筆做記號,使用 1：2500 的地形圖確認坡道。要記人道路上每隔 100m 的標高,以掌握道路坡度情況,因為坡度會影響交通狀況,從而影響顧客來店的意願。顧客騎自行車或步行購物時,高低起伏不平的道路會阻礙其來店意願。

城市規劃圖、道路規劃圖。標出開店預定地 500m 範圍內規劃修建並已確定用途的道路。標上住宅規劃區。

從以上作業所完成的地圖中,即可直觀看出開店預定地所處的商業環境。

# 第五節 評估連鎖店的商圈

在商圈的分析過程中，選址人員對設定的各種指標進行了單項分析，對單項指標所蘊涵的經濟意義和商業機會做出初步的評估了，但要完成最終的評估工作，並在兩個或多個市場中進行擇優，則還需要應用科學的方法來對所有指標進行綜合分析，一般涉及評判專案歸類、評判等級及得分標準和專案綜合結論等幾個方面。由於評判專案歸類實際上就是研究指標的合理設計，所以此處不再重覆，關鍵是對這些指標的評分與匯總。

評判等級及得分標準的設定是將前期資料資料和初步分析的結果按照一定的標準進行分類，以拉開各個市場的得分差距。

等級可以用來衡量評判對象是否達到了店鋪在某評判小項上的具體要求，一般按照「非常滿意」、「比較滿意」、「一般」、「比較不滿意」和「非常不滿意」設立五個等級。「非常滿意」等級對應的是評判對象在該專案上達到了店鋪要求的最佳理想狀態；「非常不滿意」等級對應的是評判對象在該專案上離店鋪的基本要求差距極為遙遠，甚至是店鋪最不希望看到的負面晴況；「比較滿意」介於「非常滿意」與「一般」之間，「比較不滿意」則位於「一般」與「非常不滿意」之間，代表著兩種方向相反等級的中間過渡狀態。按照五個等級，分別確定-10～10分的得分區間，即「非常滿意」等級獲分值區間為 6～10 分，「比較滿意」等級獲分值區間為 1～5 分，「一般」等級獲分值為 0 分，「比較不滿意」等級獲分值區間為

-1～-5 分,「非常不滿意」等級獲分值區間為-6～-10 分。考評小項的分值應按照以下原則進行,即先等級再得分、分值和等級相對應。選址人員將各市場各考核指標對比分析的結果與設定的各等級標準進行比較,確定專案達到的等級。在各等級所屬的分值區間內,根據考核指標離最佳要求的差距進行分值的分配。

在具體的等級判定和分值分配的時候,選址人員應注意到某些特定的行業有一些市場進入的特殊性要求,因此需要預先做好行業初始值的設定工作。行業初始值即是該行業應達到的關鍵性條件,或某行業要進入該市場所應達到的關鍵性要求,如便利店行業進入某市場的最關鍵的要求之一是該市場必須人均 GDP 達到 3000 美元以上。否則,該市場就不夠成熟,這時貿然進入就會遭遇到消費群體規模和消費能力還不足以支撐店鋪發展的困境。

行業初始值一般由企業根據行業經驗和市場研究的結果,經過專家的綜合而設定。在確定了行業初始值後,評判者將其直接定義為「一般」等級。其含義是凡是超出行業初始值要求的都將計人「比較滿意」和「非常滿意」等級;沒有達到行業初始值要求的,都將計人「比較不滿意」和「非常不滿意」等級;而剛剛達到行業初始值,則對於企業來講,也僅僅意味著市場發現可以接受該行業進入的信號,店鋪是否獲利還很不確定,因此只得 0 分。

選址人員這樣設置行業初始值和評判方法的原因在於,行業初始值是企業獲利的必要條件,即市場達到行業初始值,店鋪不一定能獲取利潤;但店鋪要獲取利潤,則其所在的市場必須要達到行業初始值的要求。這是因為行業初始值本身只是一個宏觀層次上應達到的標準,它並不能解決店鋪獲利所涉及的所有問題。例如,便利

店行業的人均 GDP3000 美元行業初始值就是一個典型的宏觀資料，它並不能反映便利店贏利所要求的目標顧客群體的消費觀念和購買力水準。此外，店鋪要想贏利，除了最基本的市場條件達標外，還會涉及店鋪運營、競爭環境等諸多方面的問題，而這些問題都是行業初始值所無法完全涵蓋的。

對於某些缺乏行業初始值的項目以及對市場導人存在特定要求的行業來說，選址人員可以根據具體考評專案的性質，判斷其對店鋪獲利的影響程度，來直接對各項指標進行評分。例如，服飾行業通常不存在嚴格的行業初始值，那麼選址人員設定評判專案為「消費者收入高」，認為該項目分值越高，則越有利於店鋪獲利，然後根據市場調查的實際結果，用專家意見進行總體上的等級和獲分評判即可。

# 第六節　　新開店的商圈銷售額預測

連鎖業是否在某地區開設新店，取決於這個地區市場規模的大小，或能否在將來迅速成長起來，保證分店開張後能夠獲利。

因此企業透過對各重點區域潛在需求量的定量分析，可以發現各區域的預計需求量以及分店設立後的獲利可能性，從而有助於企業選定具體的分店地理位置。

透過銷售額預測，還可以瞭解顧客的偏好和心理，進一步分析市場商品需求的特性，作為日後經營中掌握商機的依據。因此銷售額預測是分店開發計劃過程必須考慮的因素之一。

所謂銷售額就是這店開張後可能吸引的顧客數與區域內顧客購買單價(顧客平均購買金額)的乘積。這裏顧客數等於商圈區域內的家庭數(或總人口)與顧客對分店支持率的乘積;顧客購買單價等於所售商品平均單價與顧客平均購買件數的乘積。銷售額預測方法如下:

根據商圈分析的預測方法推算,如商圈內總需求額 X 本企業分店的佔有率。根據現有資料的預測方法推算,如營業面積×單位面積銷售額。

根據與類似店鋪相比較的預測方法推算,主要從相同商圈、區域中的店鋪中選定一店來推定。

(1)營業面積佔有率法。公式為:

預計銷售額=潛在需要額×商圈內佔有率

潛在需要額=每個家庭平均需要額×商圈內家庭數

商圈內佔有率=營業面積佔有率

具體步驟如下:

· 確定已設想的商圈;

· 計算潛在需要額;

· 計算商圈外流人額;

· 計算商圈內總需要額;

· 調查商圈內競爭店的營業面積;

· 估計擬開發分店的營業面積;

· 計算出分店營業面積的佔有率;

· 計算出預測銷售額。

其中,確定已設想的商圈很重要,該項工作應在地圖上按以下

步驟來進行：

· 準備 1：1000 的地圖；

· 標上本企業分店、競爭店、互補店的位置；

· 以自家分店為中心，在圖上分別畫出半徑為 500 米、1 公里、2 公里的圓標記；

· 確認商圈分段延伸的因素及地點和方向，如河流、山地、鐵道、公路、工廠區等；

· 在地圖上標註出商圈的外輪廓線。

因分段或延伸因素的不同，商圈可以有不同的形狀。

⑵營業面積相對佔有率法。

這是由 J‧Ken 創造的將標準的既有店鋪的銷售額用於店址選擇相似新開分店的銷售額預測方法。下面是一個具體的實例：

首先要計算出既有的標準店的銷售實績及營業面積相對佔有率：

| | |
|---|---|
| 某企業標準分店的年銷售額 | 1250 萬元 |
| 同商圈內的潛在需求額 | 5000 |
| 萬元在同商圈內的市場佔有率 | 25% |
| 該分店的營業面積 | 400m² |
| 商圈內所有競爭店的營業面積 | 800m² |
| 該分店的營業面積比率 | 50% |
| 該分店的營業面積相對佔有率 | 50% |

其次使用上述標準店鋪的實際銷售額推算在某市相似情況下開分店的銷售額：

| | |
|---|---|
| 擬開分店的預定營業面積 | 286m² |

| 某市的總營業面積 | 1000m² |
| 分店開張後與總營業面積之比 | 28.6% |
| 上述標準分店的營業面積佔有率 | 50% |
| 擬開分店的市場佔有率 | 14.3% |
| 某市商圈內潛在需求總額 | 6000 萬元 |
| 推測銷售額 | 858 萬元 |

# 第七節　新開店的損益分析判斷

透過市場和商圈調查，已經能夠對選擇在那里開店有了明確的認識，但真正確定在那裏開店，還必須對擬開店地區銷售額作預測，對損益作計算才能最終確定開店地點。

## 一、銷售額預測方法

連鎖業在最終決定在這地點開店前，一定要事先預測這個地區市場規模的大小，預測這個店開張後將來能否迅速成長起來，保證能夠獲利。

企業透過對各重點區域潛在需求量的定量分析，可以發現各區域的預計需求量以及分店設立後的獲利性，從而有助於企業選定具體的開店地理位置。

透過銷售額預測，還可以瞭解顧客的偏好和心理，進一步分析市場商品需求的特性，作為日後經營中掌握商機的依據，連鎖業在

最終決定開店前，銷售預測是商店開發計劃過程中必須考慮的重要因素。

銷售額是商店開張後可能吸引的顧客數與區域內顧客購買單價（顧客平均購買金額）的乘積。

顧客數＝商圈區域內的家庭數（或總人口）×顧客對商店支援率

顧客購買單價＝所售商品平均單價×顧客平均購買件數

‧營業面積佔有率法。

公式為：

預計銷售額＝潛在需要額×商圈內佔有率

潛在需要額＝每個家庭需要額×商圈內家庭數

商圈內佔有率＝營業面積佔有率

在計算時要注意按以下順序計算：

確定已設想的商圈；計算潛在需要額；計算商圈外流入額；計算商圈內總需要額；調查商圈內競爭店的營業面積；量出擬開店的營業面積；計算出擬開店面積的佔有率；計算出預測銷售額。


## 二、損益狀況判斷

連鎖業開發新店，往往冒很大風險，從長遠角度出發，要求對開發的新店進行損益狀況判斷。損益狀況不超出預計支出額，店就能開，若持平或超出支出，堅決停止開店的所有規劃。損益計劃的主要內容有：

‧收益預測。包括銷售額預測、毛利率設定、專賣店（專櫃、

大廈內店)收益匯總計劃等。

· 投資預測。包括店面面積、裝飾式樣、建築、設備、設施、備用品等的投資。

· 費用預測。包括銷售費用、管理費用、開店費用、財務支出費用等。

· 資金週轉計劃。

(1)投資回收期方法。投資回收期指回收初始投資所需要的時間，以年為單位，是運用很廣的投資決策指標。投資回收期方法，是根據所投資金每年的資金流量狀況來計算投資回收所需年限的。

投資回收期法的概念，容易理解，計算簡便，但這一指標沒有考慮資金的時間價值，沒有考慮回收期後的現金流量狀況。

(2)平均報酬率法。平均報酬率指投資專案壽命週期內的平均年投資報酬率，也稱平均報酬率。公式如下：

平均報酬率＝年平均現金流量×100%

在採用這方法時，事先確定一個企業要求達到的平均報酬率或稱必要平均報酬率，進行決策時，只有高於必要平均報酬率的方案才能決定開店。

而在有多個方案的互斥選擇中，應選用平均報酬率最高的方案，這種方法簡明、易算，容易懂，但它沒有考慮資金的時間價值。

(3)淨現值法。在連鎖店投資中，分店開張後的淨現金流量，按成本或企業要求達到的報酬率折算為現值，再減去初始投資以後的餘額，就是淨現值。

(4)投入資本週轉率法。新開一個商店，將來的效益如何，用投入資本週轉率法來計算確認投資效率，是最簡單的辦法。計算公式

如下：

投入資本週轉率＝營業額×100%

(5)投入資本收益率法。資本投入後一定要在收回的情況下並有剩餘，所開新店才算贏利，如果收益率不高於某個界限，就算虧本，這個店無論選在那個位置都不能開。投入資本收益率按下列公式計算：

投入資本收益率＝平均收益額/投入資金

　　　　　　　＝平均收益額/營業額×營業額/投入資本

例如，有一店開張後，為確保 20%的收益率，若營業額收益率是 5%，營業額是 3000 萬元，計算投入資本額是多少？

按上公式計算：20%＝(3000×0.05)/X

X＝150/0.2＝750(萬元)

(6)損益分歧點法。損益分歧點法是根據企業投資額的多少來評價企業損益情形的方法。企業在某一區域新開設一家店，需要增加固定資產，評價時要計算固定資產增加多少，就要相應地提高多少營業額，並用得到的資料判斷是否值得投資新建一家店。投資判斷的基數就是營業額的提高值。

計算公式如下：

損益分歧點＝固定資本/(1－流動資本/營業額)

　　　　　＝固定資本/邊際收益率

# 第 **6** 章

# 連鎖店的購買力分析

## 第一節　商店的顧客購買能力分析

把店鋪開設在顧客購買能力高的地方，其客單價相應就會較高；反之，則較低。商店的顧客購買能力分析，通常對它的預測方法有兩種：第一種是對競爭店及備選店址週邊店鋪的整體觀察。第二種是將市場調查的實測資料透過統計方法進行測算。選址人員可以將這兩種方法結合起來使用，以便相互印證。

### 一、市場觀察法

在市場競爭狀態下，透過長期的運營，商業高度發達的城市中會形成不同整體消費水準的商業地帶。定位過高的店鋪會因為曲高和寡、缺乏大量穩定的消費者而逐步退出某個地域範圍，而定位過

低的店鋪則會因為沒有足夠的收入消化成本壓力也會逐步退出，最後在同一個地域範圍內，經營較好的店鋪其顧客消費實力會大體相當，這就是市場觀察法能夠用同一個商業區域內消費者購買實力進行評估的重要原因。

選址人員只要透過對主要的競爭店或類似店鋪進行觀測，就能大體上把握消費者的購買實力。

在具體的測評操作上，選址人員可以從顧客的實際購買過程中分析他們的平均客單價，推測這些消費者未來可能在本店鋪中的消費能力，也可透過樣本店在商品種類、檔次、價格帶和促銷方式上推測顧客的消費能力。完成這階段工作後，選址人員從對多個商業區域進行對比中，即可直接發現那一個商業區域顧客的消費能力更高。

## 二、現場實測法

透過實地的市場調查問卷，並用統計分析的方法對顧客購買實力進行較為精確的數值預估，其考核的指標就是平均消費潛力。這方法反映商業區域內特定消費群體消費某種商品、服務的潛力，該值越大，說明該商業區域蘊涵的商機越大，也越有利於客單價的提升；反之，則商機越小，客單價提升缺乏良好的基礎。

平均消費潛力可以根據需要，按不同的消費群體分類而進行計算，如按照性別分組、年齡分組等。由於欲設店鋪還未建立，因此調查問卷中向消費者詢問的商品、服務可以用市場上現有的商品、服務來替代，但應注意替代的商品和本店的商品應保持在一個品牌

級數上,在消費者看來兩者沒有本質性的差異。因此在實際操作中,選址人員首先要從調查問卷的資訊中大體分出可能存在的消費群體,然後再對他們的消費實力進行分析。

例如,連鎖企業選擇一個商業區進行抽樣為 2500 人的市場調查(即不固定男女性別的人數,隨機進行訪問,直到符合條件的受訪者總人數達到 2500 人為止,主要目的是瞭解該商業區內消費者對某商品的消費能力。

為獲取較為準確的資料,調查工作在不同的日期內共進行了 4 次,考察的資料經整理後如表 6-1-1 所示,請根據表中的資料進行平均消費潛力的測算。

### 表 6-1-1　連鎖企業市場調查資料

(按每次消費金額進行的消費者分組資料)

| 每次調查的人數 | 受訪者回答的每次消費的金額(元) | | | | | |
|---|---|---|---|---|---|---|
| | 100 以下 | 101～200 | 201～300 | 301～400 | 401～500 | 501 以上 | 總計 |
| 第一次 | 347 | 480 | 624 | 430 | 489 | 130 | 2500 |
| 第二次 | 450 | 378 | 584 | 521 | 390 | 177 | 2500 |
| 第三次 | 260 | 467 | 698 | 403 | 432 | 240 | 2500 |
| 第四次 | 102 | 189 | 353 | 387 | 820 | 649 | 2500 |
| 小計 | 1159 | 1514 | 2259 | 1741 | 2131 | 1196 | |
| 平均值 | 290 | 379 | 565 | 435 | 533 | 299 | |

第一步,計算四次調查結果的平均值。先將四次調查結果取得的各消費金額人數進行平均,如「100 元以下」的均值為該分類指

標下四次調查資料的小計除以 4，即（347＋450＋260＋102）/4＝1159/4＝290 人。

第二步，計算各分組下的消費額度。先計算各分組指標的組值，然後乘以各分組下的四次調查平均人數，結果即為各分組的消費額度。組中值的計算方法為：封閉的分組內（分組既有上限又有下限，如本例中 201～300 元的分組），組中值＝（上限＋下限）/2；缺下限的分組內（只有上限沒有下限的分組，如本例中 100 元以下的分組），組中值＝上限－鄰組組距/2；缺上限的分組內（只有下限而無上限的分組，如本例中 501 元以上的分組），組中值：下限+鄰組組距/2。根據統計分組的資料和組中值的計算方法，求出各分組的消費額度，如「100 元以下」的組中值為 100－（200－101）/2 ≈50，該分組的消費額度為 50x290＝14500 元。

第三步，計算總體平均消費潛力。將各分組下的消費額度匯總，求出四次調查的總體消費額度，用該值除以四次調查的平均人數（2500 人），即得到四次調查下的平均消費潛力。（50×290＋150×379＋250×565＋350×435＋450×533＋550×299）/2500＝769150/2500＝307.66 元/人。即對四次調查資料的分析表明，該商業區內顧客的平均消費潛力為 307.66 元/人。

平均消費潛力還可以按照不同性別的分類進行計算，用以考察性別差異對消費能力的影響。分性別條件下，平均消費潛力的計算稍顯複雜一點，但計算的基本原理仍然是一樣的，只是在操作的時候需要將男女資料分開計算。

# 第二節 顧客消費習慣分析

消費習慣可以和消費水準合併調查，在一張實地調查問卷中進行資料搜集，但這部份的調查目的是回答消費者為什麼會選擇和有什麼樣的消費行為等問題。和消費水準的調查一樣，有關消費習慣的問題同樣要針對與本店商品、服務或類似的替代商品、服務展開，調查對象也要直接在本商業區域內選擇，具體的問題因商品、服務的設定種類有所不同，但大體上仍然圍繞以下幾個方面展開：

⑴顧客對設定商品、服務的看法和評價。該方面的資訊可以用來推測本店所提供的類似商品、服務可能在顧客印象中的整體形象。

⑵顧客購買設定商品、服務的頻率。該資訊可以用來分析和測算顧客在多大程度上會對本店商品、服務產生需求。

⑶顧客購買設定商品、服務的動機。該資訊可以用來瞭解顧客真正的購買意圖，為日後開店工作提供指導。

⑷顧客在店鋪中購買商品、服務的行為，如購買次數、購買用途、店鋪逗留時間等，選址人員可以將這些資訊作為顧客日後在本店鋪中的類比消費行為進行分析，預測這些消費行為會對店鋪交易次數和客單價的形成產生何種影響。

在進行顧客消費習慣的調查時還可以加入一些顧客對整體市場的看法和對本店的期望，如顧客對市場上同類品牌的看法，對在競爭中購物的體驗和希望將來在本店購物獲得那些服務等。這些資

訊都對開店有著極大的幫助，尤其顧客對競爭品牌的意見和在競爭店的購物體驗非常重要，選址人員可以從中獲取大量有價值的資訊，發現競爭店的不足並修改欲設店鋪的運營規劃，以便將來開店後提高本店的運營效率，以爭取更多的客源。

# 第三節　客流規律的分析

營業收入是交易筆數與客單價兩數的乘積，交易筆數的形成又可以進一步分解為店鋪外通行人流量、進店率和購買率之積，而店前通行人流量與商業區域的客流又有著極為密切的對應關係。

自然情況下，在開放的、沒有阻隔的區域內，可以近似地將區域內的客流等同於店前通行人流量。因此，在店址的考評中，區域的客流就成了關鍵性的考察對象之一。選址人員在客流調查測評過程中主要應關注以下幾個方面。

## 一、客流量測評

### 1. 客流量測評方法

流量測評是對商業區域內自然行走的客流數量進行的測定，該資料主要透過現場實測獲取。

通常而言，客流行走的方向會隨著街道走勢變化而發生改變，不同的行進方向會引起街道某段客流數量的變化。客流行進方向發生大幅度改變的點就是切分點，最典型的切分點就是各種交叉路

口、公車站等。對流動客流的實測主要是選擇在兩個切分點內的路段上進行客流數量的統計，在切分點上則直接計數進行比較。

進行實測之前，實測人員需要做好實測工具和現場勘探兩部份的前期準備。常用的實測工具包括計數器、手錶、客流數量統計表、白紙、鉛筆等。現場勘探工作是指對商業區域街道進行直接觀察，界定出商業區域的大致範圍和需要實測的街道，找到客流行進的切分點。在兩個切分點上安排適當數量的人員，並分別配備計數器、手錶、統計表和紙筆等工具。

## 2. 道路內的觀測方法

將一組人員分別安排在兩個切分點上，以一小時為時間週期，兩個切分點上的人員同時計數，每個人只觀測一個方向的客流，觀測結束後取總和記入統計表內。

在具體應用的時候應當根據測量地段的實際情況作適當調整，測量小組可以靈活調整人員的分配。如果對實測要求的精度不高，小組人員也可以採用抽樣的方法進行觀測，即無須用切分點進行道路的分段統計而是直接選擇商業區域中客流最多的幾個重點路段，將這些重點路段截面上統計出來的客流數量直接作為整個商業區域的客流數量分佈代表值。

選址實測小組完成了客流流量的時段測量工作後，就應立即填寫客流流量實測統計表，在全部時段的測量工作完成後就應該對統計表中記錄的資料進行整理分析，對商業區域內的客流行進分佈和流量狀況做出整體上的描述。商業區域客流流量實測統計表如表6-3-1所示。

## 表 6-3-1　商業區域客流量實測統計表

| 實測日期 | | 日期說明 | |
|---|---|---|---|
| 商業區功能變數名稱 | | 實測路段 | |
| 實測地點 | | 天氣狀況 | |
| 實測人員 | | 記錄人員 | |
| | 時間 | 統計人數（人） | 備註 |
| 上午 | 8：00～9：00 | | |
| | 9：00～10：00 | | |
| | 10：00～11：00 | | |
| | 11：00～12：00 | | |
| 中午 | 12：00～13：00 | | |
| | 13：00～14：00 | | |
| 下午 | 14：00～15：00 | | |
| | 15：00～16：00 | | |
| | 16：00～17：00 | | |
| | 17：00～18：00 | | |
| | 18：00～19：00 | | |
| 晚間 | 19：00～20：00 | | |
| | 20：00～21：00 | | |
| | 21：00～22：00 | | |
| | 22：00～23：00 | | |

　　表中所標定的時間跨度是 8：00～23：00，這個時間跨度通常是各類商業區域中客流最為活躍的時間段。實測小組可以根據當地情況和本店鋪營業時間的要求進行時間跨度上的調整。例如，便利店全天候 24 小時營業，則可以將實測時間延長，而酒吧、餐廳等營業時間一般在下午至晚間，則可將實測起始點延後。

　　就一般的店鋪運營而言，一天當中總有幾個時段是營業的高峰時期，但各類店鋪營業高峰到來的時間點不盡相同。例如，便利店通常早上 7：00～8：00 就會出現第一波銷售高峰，而服飾店第一波高峰到來的時間往往是在早上 10：00 以後。調查小組應在實測開始之前就根據行業經驗或觀察預先確定幾個重點時段，用「＊」號在統計表上標明，以提醒實測員在該時間段內進行重點觀測。

　　在上述作完成之後，實測員就得到了該商業區域內每日客流分佈的總數和分時段流量的資料。實測員應將這些資料進行統計方法的處理，以得到該商業區域中客流的一般規律，供最終評估時使用。

　　就一般性的規律而言，流動客流高峰的出現時點總是一定的，它在各備選商業區域中也不會出現過於懸殊的差異。所以對於大多數店鋪來說，分時段流動客流數量分佈儘管可以量化，但在對比的時候需要對評估小項進行轉換。我們可將其轉換為對客流高峰時段延續長短的考核，「流動客流高峰延續時間」的含義為流動客流時段相加。根據統計結果，如果流動客流在一天當中出現高峰的延續時間非常長，則該結果符合店鋪對流動客流分佈時段上的理想狀態；如果流動客流高峰延續的時間一般，則符合店鋪對流動分佈時段上的次理想狀態；如果流動客流高峰延續的時間非常短，則顯然不符合要求。

## 二、客流的構成分析

### 1. 客流的性別比例

掌握客流性別的資料，對於某些特定消費片區的考察是必要的，如廠礦區內男性比例通常較高一些，這對於店鋪決定是否要進入設店，進入之後商品、服務的配比極為重要。在選址工作中，觀察客流的性別構成要和年齡等其他因素結合起來，以區分不同群體的消費行為，從而與店鋪的定位相結合。該資料可以透過實地測量或市場調查問卷的方式來獲取。

### 2. 客流的年齡層次

透過市場問卷調查，獲取商業區域內客流年齡上的資料分佈，獲取這些資料主要有兩個目的：

與市場考察的結果相印證，描述商業區域的特點，假設在某個服裝專業市場進行的凋查結果表明客流主要以 20 多歲的年輕人為主，則該專業市場較適合中檔價位以下的個性化店鋪進入。

與性別比例結合，推測消費者的行為特點，上例中另一條調查結果，客流性別中又以女性為主，那麼適合進駐的店鋪就應該至少是在商品特色上能充分滿足這部份女性消費者需求的店鋪。

## 三、消費者的出行方式與行進狀態

消費者的出行方式，和交通條件密不可分的，選址人員在調查過程中，應主要關注以下兩點：

- 消費者來商業區域所選擇的交通方式。調查人員記錄消費者
  是步行還是乘坐交通車輛，如果是乘坐交通車輛，調查者還
  應記錄是乘坐公共交通、出租、騎自行車還是開轎車等。
- 消費者來商業區域所花費的時間。

對以出行方式的調查分析可以獲取兩方面的資訊：

- 透過調查消費者出行的交通工具和時間，可以大體上推測出
  消費者分佈的距離，從而為分析商業區域的實際輻射範圍提
  供第一手資料。
- 透過調查消費者出行的交通工具，可以瞭解消費者進入商業
  區域的方式。即，如果大部份消費者是步行前來，那麼他們
  一般是從商業區域的邊緣進入商業區域；如果大部份消費者
  乘坐交通工具，那麼他們一般是直接抵達商業區域內的交通
  站點，從商業區域的核心地段進入商業區域。瞭解到這個資
  訊對於後續的商業區域客流分佈重心和店址的選擇極有幫
  助。

對客流行進狀態的調查，可分為兩個方面：

- 客流行進的方向。客流行進的方向結合道路、交通格局的特
  點就決定了商業區域內各店鋪獲得消費者關注機會的差異。
- 客流在道路兩側的分佈。客流在商業區域內的分佈是不均衡
  的，這個不均衡表現在同一條道路兩側客流數量的不對等
  上。這種情況下，店鋪的最佳店址顯然應該設在客流分佈多
  的一側。客流行進狀態的資料用實地調查方法即可獲得。

## 四、客流的聚集點

　　客流的聚集點考評主要注意兩個前提：第一個是客流總是在不斷流動的，但「人流」不等於「人留」。只有當消費者願意停留下來的時候，他才有時間對週圍的店鋪進行觀察，從而決定是否要進入。

　　客流的彙集點用最通俗的話表達就是人多的地點。客流量大的地點不僅意味著那裏被消費者關注的機會多，也意味著店鋪的銷售機會多。更重要的是，就一般人而言都有一種普遍的「從眾」心理，即自發地跟隨別人調整自己的行為。這個心理表現在行走上就是「人總是喜歡朝著人多的地方走」，因此往往在一條道路上會出現這樣的情況，越熱鬧的地方就越有客流，而越偏僻冷落的地方就越沒有客流，所以找到客流的彙集點對於提高店前通行客流量有著非常重要的意義。

　　無論消費群體的那種聚集方式，商業區域的客流聚集能力越強，則相應店鋪獲得的固定聚集或流動聚集客流數量就越大，也就越有利於開設店鋪。

　　從某種意義上說，無論店鋪是開設在消費者的固定聚集點還是流動聚集點上，只要店鋪能獲取足夠規模的目標消費群體就能節省大量的宣傳和推廣費用，縮減店鋪被消費者瞭解的週期。從機會成本的角度來講，這些節省下來的費用和時間就是店鋪借助商業區域的外在優勢而形成的一種隱性收益。

# 第四節　週邊店聚集情況分析

## 一、異業聚集

商業區域的異業聚集狀況，是指不同行業店鋪或不同功能的商業網點在同一個商業區域中聚集的程度，該項評估解決的是商業區域客流聚集能力和功能完備程度的問題。

通常情況下，異業聚集程度越高則商業區域越偏向於綜合化，其輻射能力和輻射範圍就越大，吸引來的客流也就越多。對於絕大多數店鋪來講，商業區域吸引來的客流越多，店鋪通行人流量就越大。這種情況下，只要店鋪和商業區域是匹配協調的，那麼也就意味著經過店門口的目標消費群體的絕對數越大。

商業區域異業聚集的狀況同樣對店鋪獲取更多的隱形收益產生影響，對商業區域異業聚集狀況的考察同樣是在對整個商業區域的實地勘探中完成的，選址人員根據整體印象進行定性分析。

商業區域中有那些娛樂休閒場所或設施，這些娛樂休閒場所或設施的聚客能力如何，它們吸引過來的客流特點是什麼。娛樂休閒設施通常是能夠聚集大量客流的場所，選址人員找到這樣的設施或機構，判斷它們的聚客能力和所吸引過來的客流構成特點，觀察週邊店鋪的營業情況，從中可以綜合判定在這些娛樂休閒設施附近開店是否合適。

商業區域中有那些業態分佈，其中有代表性的店鋪是那些，通

常來說，商業區域中聚集的行業越多，則客流越大代表性店鋪規模越大，則表明該商業區域在整個市場商業格局中的地位越高‧選址人員對這方面的資訊進行分析，一方面可以進一步確定自己的競爭對手，另一方面則可以透過店鋪的分佈來看整個商業區域的聚客規模狀況，從中評估存在的商機。

商業區域中最大和最知名的幾個布點的位置在那里，最大的幾個店鋪對旁邊的中小型店鋪產生何種影響。選址人員還可以根據不同行業代表性店鋪分佈的地點來看整個商業區域的客流重心，從中考慮最佳的店址。另外，很多中小店鋪可能本身的聚客能力不強，必須要依靠週邊的分享流或派生流來彌補本身客流的不足。因此該方面的評估就是看這些大型的店鋪是否會對週邊分佈的中小型店鋪產生進店客流的拉動性影響。這種拉動性影響越強烈，在不至於產生直接競爭或衝突的前提下，店鋪選址則越應該向大型店鋪靠近。假如這種拉動關係不明顯，則選址人員就可以將注意力直接放在對其他客流分佈聚集點或彙集點的考慮上。

## 二、同業聚集

商業區域中同行競爭是指那些在商品、服務種類上與欲設店鋪有重疊或類似的店鋪所帶來的競爭，這些競爭的性質和強度都將直接對欲設店鋪未來利潤產生影響，需要選址人員在考評完成後進行綜合評定，以分析未來店鋪所處的競爭環境。

在考評過程中，選址人員需要注意的是，這裏的競爭僅僅是在商品、服務的種類和特色上進行的界定，而不是以店鋪所屬業態來

區分的。這就意味著在市場上欲設店鋪所面臨的競爭來自各種各樣的店鋪，這些店鋪可能在規模、經營理念、服務方式等各個方面存在很大的差異，但只要在商品、服務種類上與本店存在重疊，就都應該作為考察對象納入到觀察範圍中。

一定數量的同業店鋪聚集，能為消費者節省尋找商品、服務的時間，從而減少顧客的購物成本，有利於吸引客流並促進店鋪未來的贏利。例如，在香港有專門銷售婦女用品的「女人街」，也有專門銷售男人用品的「男人街」。

「女人街」指龍旺角的西洋菜街，這條寬僅 8m 的小街，兩邊都是門市，街中間分列兩排攤檔。這樣，一條街又分成兩個胡同，通道只有 1m 左右寬。所有門市日夜開張，顧客如雲，摩肩接踵，水泄不通，熱鬧非凡。這裏銷售的是清一色女人用品，從連衣裙到襯衫，從頭上飾物到腳下皮鞋等，應有盡有。

「男人街」指油麻地的廟街，除了賣男人衣服、飾物、家庭用品、家用電器、手錶帶以外，還有各種吃、喝、玩的，每到夜晚，來「男人街」的人更多，這裏被稱為「平民夜總會」。

當然，同類商品的店鋪在同一地區絕不能集聚過度，否則必將導致店鋪之間競爭過度，尤其經營食品及日常用品的超級市場，因選擇性小，在選址時更應注意避開競爭對手，它要求的是「離群」。一般來說，即使選購性商品，如果競爭對手眾多，產生惡性競爭，相互爭奪生意，勢必影響店鋪的經濟效益，除非新設的店鋪有特殊的經營風格、能力或不尋常的商品來源，否則難以成功，所以需要分析某地區某行業的飽和指數。

# 三、競爭對手分析

競爭店的基本資訊，包括有競爭店的名稱、規模、人員和組織形態等。競爭店的規模主要是指競爭店的經營面積，它包括前臺（賣場）面積和後臺面積。前臺面積可以透過目測觀察確認，後臺面積則可以透過建築結構和現場觀察等方式推斷。後臺包括內倉和辦公場所，選址人員尤其應注意對內倉的面積預估。內倉是競爭店日常儲存商品的場所，因此選址人員可以根據內倉面積的大小大致判斷競爭店每日的銷售週轉情況。

人員主要是指店鋪銷售人員，就一般店鋪運營的規律來看，店鋪人員配備數量和營業的好壞是直接掛鈎的。營業繁忙的店鋪，銷售人員配比自然就要多一些，反之則會較少。透過對銷售人員數目的衡量，分析者也能從一個側面推斷競爭者的營業狀況。店鋪經營效率的另一個指標就是人均生產效率（又稱人效），即將銷售額除以銷售人員數量。

人效高意味著在同等銷售額度下，店鋪所動用的人力資源較少，隱含著其管理水準較高，整體的競爭實力相對較強。所以，對銷售人員數目的掌握對推斷競爭店的人均生產效率也是極為重要的。

# 第五節　店址評估匯總

　　店鋪位置的評估方法和商圈的評估方法類似，同樣採用加權平均評分法，分大項分別設定相應的權重，然後再進行綜合的評定。評定的結果就是按照各個備選店址的綜合加權平均總分進行高低次序的排列，取分值最高的一個作為首選店址。下面以一個服裝店的備選店址房產條件評估實例進行說明。

　　案例是服裝店選址人員經過考察，確定了 3 個備選店址，其中備選店址 A 的房產條件為：店鋪是一個比較規整的四方形，房產總面積 $100m^2$，其中可以用來做店鋪的面積大約為 $85m^2$。經過分析，選址人員認定在對前後場進行功能切割後，店鋪形狀可以保持一個接近正方形的形狀。店鋪中央沒有柱牆，但在邊牆上留有一排大約 40cm 的柱頭，柱頭分佈位置比較齊整。裝修後，門面開間可以保留大約 7m 的寬度，地面至吊頂的高度大約為 3.2m，現就上述這些資料對備選店址 A 的房產條件進行加權評估分析。

　　表 6-5-1 是對店址「房產條件」評估大項，評估中項是基本的房產條件參數，「前臺面積佔比」是針對店鋪房產面積進行的考評，對服裝店的選址人員而言，前臺面積越大則越有利於經營，相應的租金回收也越有把握。在該專案評估中，通常服裝店的前臺面積在 90%以上是一個理想狀態。隨著前臺面積佔比的逐步縮小，後臺面積就逐步增大，當後臺面積佔到 40%以上時，顯然前臺面積就過於狹小了。店址 A 的前臺面積在 81%～90%之間，屬於次理想狀

態，因此等級得分為 4 分。

## 表 6-5-1　店址區位綜合加權平均分表

| 備選店址編號 | | 備選店址 A | | | | 店址 | | 商業區 XX 路 XX 號 | |
|---|---|---|---|---|---|---|---|---|---|
| 評估大項 | | 房產條件 | | | | 大項權重 | | 30% | |
| 評估中項 | | 基本房產條件參數 | | | | 中項權重 | | 30% | |
| 小項次 | 小項目 | 5分 | 4分 | 3分 | 2分 | 1分 | 等級得分 | 小項權重 | 加權得分 |
| 1 | 前臺面積佔比 | 90%以上 | 81%～90% | 71%～80% | 61%～70% | 60%以下 | 4 | 20% | 0.8 |
| 2 | 店鋪形狀利用效率 | 高效利用 | | 一般利用 | | 低效利用 | 5 | 20% | 1.0 |
| 3 | 門面開間寬度 | 10m以上 | 8～10m | 6～8m | 4～6m | 4m以下 | 3 | 5% | 0.15 |
| 4 | 店鋪柱牆數量 | 無 | | 少量 | | 很多 | 5 | 5% | 0.25 |
| 5 | 柱牆分布位置 | 全部靠邊 | | 大量邊側少量居中 | | 大量居中 | 5 | 5% | 0.25 |
| 6 | 店內空間高度 | 3.5m | | 3.5m以上 | | 3m以下 | 5 | 5% | 0.25 |
| …… | | | | | | | | | |
| 小計得分 | | | | | | | | 100% | 10 |

　　「店鋪形狀利用效率」是考評項目「店鋪形狀」的轉化指標。店鋪具有各種形狀，如正方形、長方形(橫式、縱式)、三角形和各種不規則的形狀等。這些形狀的店鋪都有可能充分滿足經營的需要，因此將店鋪的形狀直接作為考評對象很難有統一的標準，也很難分清各個店鋪之間的優劣。但是選址人員應注意到，對店鋪形狀考察的根本目的是測試一個店鋪經營面積的利用效率。這個利用效率就是在有限的面積上能方便店鋪的佈局，沒有死角。

　　抓住了這個核心，選址人員就可以定義凡是店鋪可以充分利用、不留死角的店鋪形狀利用效率就高；凡是不能充分利用、有很多死角的就是低效利用；介於兩者之間，能夠較好利用但存在少量死角的就視為利用效率一般。根據這個分析，備選店址 A 的店鋪形狀是一個較為規整的正方形，剛好符合高效利用狀態，因此等級得分評為 5 分。

　　「門面開間寬度」主要是用來衡量店鋪在比鄰的一排店鋪之間是否能很快地引起行人注意的考評指標。在具體的寬度指標上應將各個備選店址具體的寬度資料放在一起，劃出大致的上下限範圍，再來評判等級．上例中備選店址 A 的門面開間有 7m，剛好落人第三個等級，評分為 3 分。「店鋪柱牆數量」和「柱牆分佈位置」兩個評估小項都是對店內柱牆結構進行評定的指標。店址 A 的店鋪面積僅有 $85m^2$，屬於比較典型的中小型店鋪。對於這樣的店鋪而言，店鋪中存在過多或排列位置凌亂的柱牆不利於經營。店址 A 的柱牆分佈位置比較齊整且都位於側邊，店鋪中央留有很大面積可供利用，因此符合中小型服裝店鋪的理想狀態，評判等級為最優，得分均為 5 分。

　　「店內空間高度」是完全可以量化的指標，評估者可以根據自身行業的要求做出等級分類並設定相應的得分分值。店址 A 的空間高度是 3.2m，剛好符合服裝行業的最佳要求，因此給予等級得分評為 5 分。

　　在對上述各個評估小項完成評估後，選址人員應將各小項的等級得分乘以相應的權重，求出各小項的加權得分。在此基礎上將所有的加權得分匯總，得到評估中項的加權小計得分（本例中假設為 10 分），然後將這個分值乘以中下項權重 30%，即 10×30%＝3 分。同樣的方法，可以求得評估大項的加權平均合計得分。選址人員將店址確定的大項加權平均合計得分再進行加權匯總，得到的最終結果是該店址的最終加權平均總分值。

　　完成上述一廠作後，評估者根據各個備選店址最終加權平均總分值的高低進行排序，取分值最高的一個作為優先店址，然後結合企業的實際情況做出最終選擇。

## 圖 6-5-1　選址決策流程圖

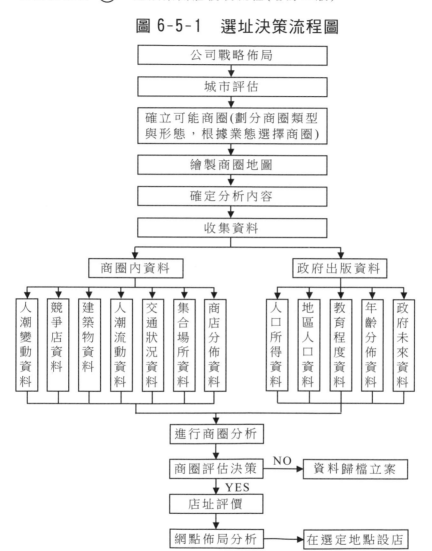

# 表 6-5-2　連鎖店開店選址分析表

分部名稱：　　　城市名稱：　　　市場類別：　　　賣場名稱：

| 一、賣場地理位置、所處商圈的狀況描述： |
| --- |
| 1. 賣場地址： |
| 2. 商業氣氛： |
| 3. 競爭對手情況： |
| 4. 與我方已開商店及競爭對手商店距離： |
| 5. 人流調查及分析： |
| 6. 其他： |
| 二、店面條件： |
| 1. 租賃房屋總體描述，我方租賃樓層狀況、賣場使用面積： |
| 2. 房屋租金、租期： |
| 3. 房屋結構(是否框架結構)、房屋淨高、出入口、通道情況、吊頂、地面狀況、消防噴淋及煙感設施是否完善合格： |
| 4. 照明系統、供水情況、供電能力、中央冷氣機、電話線路： |
| 5. 賣場外觀描述、賣場正面寬度、門頭及廣告位情況等： |
| 6. 租賃房屋內其他租戶情況描述： |
| 7. 其他： |
| 三、交通及輻射情況： |
| 1. 門口車道數量： |
| 2. 方圓 100 米內公交線路數量及輻射狀況： |
| 3. 是否靠近輕軌或地鐵站： |
| 4. 汽車停車位、自行車停放區情況： |
| 5. 其他： |
| 四、業主情況： |
| 1. 業主聯繫方式： |
| 2. 租賃資質： |

| 五、競租情況： |
| --- |
| 六、分部對該店址的綜合分析、存在問題和建議： |
| 七、分部總經理意見： |

# 第六節 (案例)隆江豬腳飯店賺多少錢

在廣州潮汕有一個地方叫隆江，有一種好吃美食叫豬腳飯。看著廣州遍地的豬腳飯，有時好奇這樣店到底一個月能掙多少錢。

這家店位於廣州白雲區一城中村，大概 30 平米的一小店，案頭是豬腳、肉卷、酸菜和白菜，是一家非常標準的豬腳飯店。

跟老闆點了一份 15 元的豬腳飯，跟老闆攀談了起來。

我：“老闆，您這店的店租一個月貴不貴？”

老闆：“一個月啊，6000 多呢”

我：“那不貴啊，我親戚在市區開的可貴多了！對了您一個月的水電要不要 2 千？”

老闆：“那不用，至多 1200 吧”

可能是說潮汕話緣故，老闆對我毫無保留。

豬腳飯有 12－15－18 三種價位，我點了 15 的，滿滿一大

碗，除了噴香的醬豬腳，還有半顆滷蛋和一塊三角豆腐，可惜老闆沒放肉卷，沒有肉卷的豬腳飯是沒有靈魂的。

我就坐在那裡邊吃邊數這家店的出單量：

11－11點半：16份

除了到店吃的，外賣小哥帶走的占了一半數量，吃完飯，我又在那裡喝了 4 碗例湯，故意耗時間繼續數。

11 點半-12 點：22 份

這個時間段人明顯多起來，附近工地的上班族、工人、服務員、快遞小哥都過來吃飯了，我跑到隔壁店的空桌上叫了一瓶飲料，邊寫稿邊數數。

12 點－12 點半：18 份

這個時間段外賣的比較多，到店的少了。

12 點半-1 點：13 份

1 點－1 點半：7 份

總共 16+22+18+13+7=76，1 點半我離開了，當時過來吃飯的人已經基本沒有了，1 點半之後的加個 10 份彌補一下，一共有 76+10=**86 份**

我看老闆的兒子往樓上跑，猜他們一家人就住在店鋪上面的民建房，這裡的兩房一廳租金是 1400 一個月。

下午 5 點半我又來了，黃昏特別有生活氣息。

豬腳飯檔口基本還沒有客人進門，我坐在隔壁店的椅子上繼續觀察數數。

5 點半－6 點：12 份

6 點－6 點半：18 份

這時我進店吃飯,晚上進店的除了附近工人、快遞員之外,多了一些下班回村的白領人。

我又點了一份 15 元的豬腳飯,老闆良心發現,晚上我的豬腳飯放多了半個煎蛋。

6 點半－7 點:23 份

7 點－7 點半:17 份

7 點半－8 點:11 份

8 點－8 點半:5 份

12+18+23+17+11+5=86,再補上 10 份算前後我沒數到的,96 加上中午的 86 一共是 182 份(店鋪早餐沒開),差不多這就是店家一天的量。

該店大部分客人是快遞員、工人、上班族、服務員,他們週末都不放假,這裡假設一個月 30 天每天都是 182 份。

在網上查了很多篇豬腳飯毛利的文章,介於 50－58% 之間,取中位數 54%,一份豬腳飯均價算 15 元,因此物料成本大概 15*(1－54%)=**6.9 元**。

每天 182 份大概一半是外賣,根據網上資料外賣平臺(比如美團)一單的抽成 20－25%,取中位數 22%,一份外賣豬腳飯店家拿到的錢是 15*(1－22%)=11.7 元,去掉物料成本 6.9 元,一個月外賣部分的毛利是(11.7－6.9)*(182/2)*30=13104 元。

到店食用一個月毛利是 15*54%*(182/2)*30=**22113 元**,因此店家一個月的毛利一共是 13104+22113=35217 元

毛利算出來了,要算純利必須扣除成本,物料成本已經扣

除，剩下來是店租、水電、人工。

1. 店租 6500 元（老闆提到 6000 多，這裡預估 6500 元）

2. 水電煤 1200 元（老闆有提到）

3. 人工，店裡除了老闆還有 3 個人在幫手，一個人人工大概 4000 元，4000*3=12000 元

35217 元－6500 元（店租）－1200 元（水電）－12000 元（人工）=15517 元

不過老闆實際收入肯定比這個少，因為未考慮以下因素：

1. 店裡除了豬腳飯還賣其他的，比如手撕雞之類，這些毛利率未知；

2. 吃剩的飯菜肯定要處理掉，這部分未扣除；

3. 現在是秋天電費便宜，夏天開空調水電煤肯定不止 1200 元；

4. 國慶過年等長假,空了沒生意！

# 第 **7** 章

# 連鎖業的開店選址

開店要選址，在開設連鎖店之前，首先要作出開店的計劃，對商圈週圍的市場環境進行調查，調查內容主要包括地域的人群狀況、地理位置、競爭情況、商圈內消費者的消費狀況，然後作出規劃設計方案。

# 第一節　連鎖商店開店規劃流程

## 一、連鎖業商店的位置選擇

### ⑴方便消費者購買

門店位址一般應選擇在交通便利的地點，尤其是以食品和日用品為經營內容的普通超級市場應選擇在居民區內設點，應以附近穩

定的居民或上下班的職工為目標顧客，滿足消費者就近購買的要求，且地理位置要方便消費者的進出。

### (2)方便商品配送

特許商店經營要達到規模效應的關鍵是統一配送，在進行網點設置時要考慮是否有利於商品的合理運送，降低運輸成本，既要保證總部配送中心及時配送所需商品，又要能與相鄰特許商店之間相互調劑、平衡。

### (3)有利於競爭

商店的網點選擇應有利於發揮商店的特色和優勢，形成綜合服務功能，獲取最大的效益。大型百貨商店可以設在區域性的商業中心，提高市場覆蓋率；而小型便利店則越接近居民點越佳，避免與大中型超級市場正面競爭。

### (4)有利於網點擴充

門店做大只有走特許經營的道路，這就可能不斷地在新的區域開拓新的網點，因此在網點佈置時要儘量避免商圈重迭，避免在同一區域重覆建設，否則相隔太近，勢必造成自己內部相互競爭，影響各自的營業額，最終影響整個企業的發展。


## 二、基礎調查及制訂計劃

連鎖店開店經營需要有一套完善可行的計劃，尤其是大型的連鎖店。計劃分為經營方針、短期計劃、中長期計劃等。開店的計劃制訂一般經過如下步驟：

### 1. 調查階段

調查階段的基本內容包括「市場調查」和「商店選址環境調查」。調查的結果是為開店選址提供最直接的判斷，作為具體計劃立案時提供有關投資內容的依據。

### 2. 制訂基本計劃階段

透過市場調查，可以初步制訂開店經營計劃，主要包括經營地址選擇、建設方案、裝潢設計等，並注意相互的關聯性，對投資的內容要具體化，對建設方案要嚴謹，站在客觀的立場上審時度勢，作出科學決策。

### 3. 選擇店址意向階段

開店者必須依據市場調查和基本計劃，對商店的選址方案再作進一步的分析和判斷，並對全面的經營贏利的可能性進行詳細研究，作出預測，初步計算和預測的結果是贏利，就能開店，否則，不能按預定計劃開店。

### 4. 選擇店址的決定性計劃階段

經營者根據計劃決定的商店選址專案規劃，為實施計劃時更具體、更到位，將施工設計方案、基本計劃認真研究，再一次對投資的內容進行估算，對開店具備的人力資源、合作公司和環境狀況等進行研究，作出具體的操作方案。

### 5. 選擇店址實施階段

在此階段，要對選店進程中的多種要素進行全盤考慮，建設方案在按計劃實施過程中出現不適宜的地方，要根據現場狀況作進一步修改完善後實施。

## 6. 開店階段

開店具體業務完成階段。重點工作是對連鎖的基本資料、銷售管理、人力資源管理、供應商管理、POS 機應用、財務結算等功能按計劃準時到位，配合開店的具體需要。

# 三、市場調查

## 1. 市場調查

連鎖店經營者為開店進行市場調查，市場調查的重點有兩個方面，第一個是主要針對開店的可能性較大的諸多因素進行調查，為開店意向者提供參考。重點是做好開店預測營業額的數目和店鋪規模的設計，包括設店地區的市場行情、地域特徵都是考察的重點。

第二個是對調查結果進行分析，重點剖析店鋪週圍消費者的生活方式，對經營的商品構成、定價、促銷手段及商店格調佈局等提供基礎資料。

## 2. 資料整理和分析

為配合店鋪決策者作出正確的開店決定，對擬開店的地點週圍的基本條件、環境狀況、人脈關係、消費水準、城市結構、城市(鎮)化建設規模及發展規劃、週邊大型零售連鎖超市開設情況等展開基本狀況調查，將所得資料整理並認真分析。對以下幾個方面的調查結果分析要更認真、更仔細。

### (1)人居環境的分析

對擬開店地區內消費者生活的狀況必須深入研究，包括人口、該地區大概的家庭戶數、企事業單位數、百姓收入的平均水準、消

費的水準等因素。

### ⑵地域諸要素的分析

分析擬開店環境中，構成消費者活動範圍和生活狀況的各種因素：

第一，交通運輸網路暢通情況，能否給店帶來交通便利；

第二，政府機構辦公地點與店的距離和狀況，能否構成良好的購物環境；

第三，民間各種設施與店的聯繫性，能否給商店銷售帶來好處。

### ⑶對地域零售業態進行分析

一個城市的繁華景象，零售業業態如何，在整個城市機體中所佔的消費比例，是開店調查分析的重要內容，一定要認真分析零售業銷售的實效、各種零售業業態種類、大型連鎖店的銷售業績等。

在市場調查中，有兩項重點不能忽視：一是在對該地區過去和現在的大、中、小型連鎖店瞭解的前提下，對商店開設後的行銷狀況的預測是必不可少的；二是在對調查的資料進行分析時，以類似商圈的成熟度作參照物，作為該地區設店的依據。

### 3. 開店工作

透過對市場調查和對取得的資料進行分析，制訂開店計劃。

# 第二節　連鎖店址的選擇

　　連鎖店籌建時，作好商圈分析是必不可少的，但最終目的還是為了選定適當的設址地點。在西方國家，連鎖店的開設地點被視為開業前所需的三大主要資源之一，因為特定的開設地點決定了連鎖店可以吸引有限距離或地區內的潛在顧客的多少，也決定了可以獲得銷售收入的高低，從而反映出開設地點作為一種資源的價值大小。

## 一、連鎖店店址選擇的類型

　　連鎖店店址選擇，在為了適應人口分佈、流向情況，便利廣大顧客購物，擴大銷售的原則指導下，絕大多數商店都將店址選擇在城市繁華中心、人流必經的城市要道和交通樞紐、城市居民住宅區附近以及郊區交通要道、村鎮和居民住宅區等購貨地區。從而形成了以下四種類型的商業群：

　　(1)城市中央商業區。這是全市最主要的、最繁華的商業區，全市性的主要大街貫穿其間，雲集著許多著名的百貨商店和各種專業商店、豪華的大飯店、影劇院和辦公大樓。在一些較小城鎮，中央商業區是這些城鎮的唯一購物區。

　　(2)城市交通要道和交通樞紐的商業街。它是大城市的次要商業街。這裏所說的交通要道和交通樞紐，包括城市的直通街道，地下

鐵道的大中轉站等。這些地點是人流必經之處,在節假日、上下班時間人流如潮,店址選擇在這些地點就是為了便利來往人流購物。

⑶城市居民區商業街和邊沿區商業中心。城市居民區商業街的顧客,主要是附近居民,在這些地點設置連鎖店是為方便附近居民的就近購買日用百貨、雜品等。邊沿區商業中心往往坐落在鐵路重要車站附近,規模較小。

⑷郊區購物中心。在城市交通日益擁擠,停車困難,環境污染嚴重的情況下,隨著私人汽車大量增加,高速公路的發展,一部份城市中的居民遷往郊區,形成郊區住宅區,為適應郊區居民的購物需要,不少連鎖店設到郊區住宅區附近,形成了郊區購物中心。

## 二、連鎖店區域位置選擇

連鎖店應選擇設在那一個區域,即在那一級商業區或商業群中。連鎖店選址一般選擇四類商業群,那麼作為一個具體的商店應選擇那一類商業群,就應充分考慮顧客對不同商品的需求特點及購買規律。顧客對商品的需求一般可分為三種類型:

**(1)顧客普遍、經常需求的商品,即日常生活必需品。**

這類商品同質性大,選擇性不強,同時價格較低,顧客購買頻繁,在購買過程中,求方便心理明顯,希望以盡可能短的路程,花盡可能少的時間去實現購買。所以,經營這類商品的商店應最大限度地接近顧客的居住地區,設在居民區商業街中,輻射範圍在半徑300 米以內,步行在 10～20 分鐘為宜。

⑵顧客週期性需求的商品。

對這類商品,顧客是定期購買的。在購買時,一般要經過廣泛比較後,才選擇出適合自己需要的商品品種。另外,顧客購買這類商品一般是少量的,有高度的週期性,因此,經營這類商品的商店宜選擇在商業網點相對集中的地區,如地區性的商業中心或交通要道、交通樞紐的商業街。

⑶耐用消費品及顧客特殊性需求的商品。

耐用消費品多為顧客一次購買長期使用的商品,購買頻率低。顧客在購買時,一般已有既定目標,在反覆比較權衡的基礎上再作出選擇。特殊性需求的商品購買的偶然性大,頻率低,顧客分散。所以經營這些類別商品的商店,商圈範圍要求更大,應設在客流更為集中的中心商業區或專業性的商業街道,以吸引盡可能多的潛在顧客。

# 第三節　店址調查的操作規範

## 一、拓展計劃

1. 將公司拓展計劃分解到地區、市。
2. 將公司拓展計劃分解到季、月、日。
3. 根據拓展時間、拓展區域，制定選址計劃。
4. 根據選址計劃，做好選址、評估的資源配置與統籌安排。

**作業要點流程：**

· 拓展經理負責組織本部門完成對公司拓展計劃的制定與分解，報總經理審批。

· 拓展經理根據選址計劃進度，做好相關資源的配置與統籌安排。

· 選址計劃進度的制定

## 二、市基本情況調查

1. 進行人口統計調查：分城關、行政區域、輻射區域。

2. 收入及消費水準的調查：地方財政收入、當地居民平均收入及消費水準調查。

3. 地方產業結構的調查。

## 作業要點流程：

· 查閱城市統計年鑑。

· 走訪城市統計部門。

· 設計問捲進行調查。

· 城市基本情況的調查。

· 方法正確，調查內容準確、全面。

# 三、當地行業及相關調查

1. 對當地服裝行業基本情況的調查：城市服裝業年銷售額、主要銷售場所、當地知名服裝品牌情況及競爭情況。

2. 對當地男裝行業基本情況的調查：男裝店整體數量、男裝店區域分佈情況、平均營業規模、競爭環境、工資水準。

3. 對其他情況如各行政區域、各地段的店鋪租金水準、當地各類宣傳廣告費用的標準水準等的調查。

## 作業要點流程：

· 查閱城市統計年鑑。

· 諮詢服裝行業協會。

· 查閱城市服裝資料。

· 調查人員實地訪查。

· 消費者問卷調查。

· 當地服裝行業情況的調查，信息、情報的搜集。

## 四、商圈的調查

1. 對城市成熟商圈與新生商圈的調查與評估。

2. 對商圈基本情況的調查,包括:商圈內人口基本情況、交通、居民的生活與消費的習慣等。

3. 對商圈內的各樓盤種類結構的調查。

4. 對商圈內店鋪平均租金水準的調查與瞭解。

5. 對城市中長期規劃的調查與瞭解。

6. 對商圈地形與街道特點的調查。

7. 對商圈客流的調查、分析(尋找聚客點)。

**作業要點流程:**

· 商圈基本情況,包括:固定人口數、人口密度、人口增長、
   日夜人口數、商圈內人口職業、年齡、教育程度、收入水準。

· 人口密度:以區域內居住人口數除以土地面積所得出的每平
   方公里居住人口數。

· 各樓盤的種類結構:不同的大樓有不同的客戶,辦公大樓代
   表著穩定的辦公人口,其購買力較高;百貨公司及休閒娛樂
   場所能吸引顧客,聚客力高,形成互動消費。

· 商圈客流情況,包括:客流結構(自身客流、分享客流、派
   生客流)、客流目的、速度、滯留時間、客流規模、來店光
   顧人數在經過人數中的比例、購買者在光顧者中的比例、每
   筆交易的平均購買量等。

· 走訪城市相關部門。

- 調查人員實地訪查。
- 調查人員實地暗訪。
- 消費者問卷調查。

## 五、經理審核

把調查情況、相關調查表格及選址方案一起上報拓展部經理審核。

**作業要點流程：**

- 拓展經理審核不通過時，拓展人員重新尋找店址。
- 拓展經理審核通過後，就安排相關人員抽樣核實、評估調查數據，必要時召開選址評估會議，讓相關部門負責人參與綜合評估。

## 六、綜合評估

1. 拓展經理審核通過後，就安排相關人員抽樣核實、評估調查數據。

2. 負責綜合評估的相關人員，認真填寫《綜合評估表》。

**作業要點流程：**

- 綜合評估內容嚴格按照店址評估標準去調查與核實。
- 評估項目應根據發展戰略而定，主要包括：店面結構、交通狀況、競爭環境、顧客流量、店面成本和發展趨勢與潛力等。
- 必要時由拓展部經理牽頭組織新店選址評估會議進行店址

的綜合評估,從相關部門選拔成員組建店址評估小組。

## 七、選址確定

1. 店址評估後確定。
2. 報上級審批。
3. 資料備案。

**作業要點流程：**

‧ 由拓展部經理提供指導,由評估小組對評估結果進行整理分析,結合前期市場調查數據,形成店址評估報告,確定店址。

‧ 將評估報告和選址結果報總經理審批。

‧ 將收集的各類資料、報告、照片、圖紙等送行政部資產管理處儲存備。

## 八、店鋪租賃

1. 租賃條件評估。
2. 租賃談判。
3. 簽訂租賃合約。

**作業要點流程：**

‧ 店址確定,由拓展部向總部相關部門提供市場/商圈信息、當地店鋪平均租賃價格水準,由拓展部協助財務部制定可接受的該店鋪租賃各類費用標準,由拓展部協助相關部門確定店鋪租賃的方式、時間等各類條件。

· 租賃談判內容：使用期限、租金和付租方式、押金、免租裝修期限及其他相關事宜等。

· 租賃簽約應注意事項：合法出租權、簽約代表合法、注意合約條款細節、合約規範簽訂等。

# 第四節　連鎖店址信息的調查項目

稍微關注新聞的人都聽過類似這樣的報導：租戶店鋪被拆，「主客」各有說法；租戶不繳納租金；因為租金無法談攏而導致企業關門；租戶發現問題與業主或房產溝通，但效果不佳等等。

為了避免建店開店過程中發生的一些不愉快，連鎖業在租賃過程中，應該做好對房產相關信息的調查，包括水電、房屋結構的更改、安全、房產要求等，具體租賃前的注意事項如下。

### 1. 要調查商鋪的基本檔案

承租商鋪之前，應當赴該商鋪所在地，進行產權調查，確認以下幾個重大信息：

(1)房屋的用途和土地用途。必須確保房屋的類型為商業用房性質、土地用途是非住宅性質，方可承租作為商鋪使用，否則，將面臨無法辦理營業執照以及非法使用房屋的風險。

(2)房屋權利人。確保與房屋權利人或者其他由權利人簽署租賃合約。

(3)房屋是否已經存有租賃登記信息。若已經存在租賃登記信息的，新租賃合約無法辦理登記手續，從而導致新承租人的租賃關係

無法對抗第三人,也會影響新承租人順利辦理營業執照。

## 2. 租賃登記

租賃合約登記備案,屬於合約備案登記性質,此登記的效力主要包括以下內容:

(1)登記與否不影響合約本身的生效,即使沒有辦理備案登記,合約依然在生效條件滿足時就生效;

(2)經登記的案件,具有對抗第三人的法律效力,例如,若出租人將房屋出租給兩個承租人的,其中一個合約辦理了租賃登記,另一個沒有辦理租賃登記,則房屋應當租賃給辦理了租賃登記的承租人,出租人向沒有辦理租賃登記的承租人承擔違約責任。

因此,建議及時赴該商鋪所在地,辦理租賃備案登記。另外,大多數工商部門在辦理營業執照時,均要求租賃合約經過租賃備案登記。

## 3. 租賃保證金

俗稱「押金」,主要用於抵充承租人應當承擔但未繳付的費用。因為商鋪的電費、電話費、房產管理費等費用比較高,因此押金應當適當高一些,以免不夠抵減上述費用。

另外,還需要特別注意的是,承租人在承租過程中,不斷地拖欠相關費用,押金抵扣不夠的情況下怎麼辦?商店房產擁有人可以在合約中約定補足「押金」的方案,即每次出租人用「押金」抵扣相關費用後,承租人應當在合理期限內補足支付「押金」,如果經出租人通知後一定時間內未能補足的話,則出租人可以單方面解約,並追究承租人相應的違約責任。若合約中有此約定,則可以有效地整治承租人「老賴」的行為。

### 4. 裝修期免租金

商鋪租賃中，裝修期免租，經常會出現在合約之中，主要是由於承租人在交房後需要對房屋進行裝修，實際不能辦公、營業，此種情形下，出租人同意不收取承租人裝修期間的租金。但「裝修期免租」非法律明確規定的概念，因此，在簽訂租賃合約時一定要明確約定裝修期免租起止時間，免除支付的具體費用。一般情形下，只免除租金，實際使用房屋產生的水費、電費等還需按合約約定承擔。

### 5. 該地址的營業執照

承租商鋪的目的在於開展商業經營活動，首要條件就是必須合法取得營業執照，因此，在簽訂商鋪租賃合約時，許多條款都要圍繞營業執照的辦理來設置，涉及下列幾個方面：

(1)原有租賃登記信息沒有注銷，新租賃合約無法辦理登記，從而導致無法及時辦理營業執照；

(2)商鋪上原本已經註冊了營業執照，而該營業登記信息沒有注銷或者遷移，從而導致在同一個商鋪上無法再次註冊新的營業執照；

(3)房屋類型不是商業用房，從而無法進行商業經營活動，導致無法註冊營業執照；

(4)涉及特種經營行業(娛樂、餐飲等)的，還需要經過消防、衛生、環境等部門檢查合格，取得治安許可證、衛生許可證等證件後，方可取得營業執照；

(5)因出租人材料缺失而導致無法註冊營業執照。

對於上述情形，可在合約中設定為出租人義務，並給予出租人

合理寬限期,超過一定期限還無法解除妨礙的,應當承擔相應的違約責任;上述　條的情形,可設定為無責任解約情形,以保障承租人萬一無法辦理營業執照時,可以無責任解除合約。

### 6. 裝修的處置

商鋪租賃中,往往需要花費大額資金用於店面裝修,為確保裝修能夠順利進行,在合約中應當注意以下幾個問題:

(1)明確約定出租人是否同意承租人對商鋪進行裝修,以及裝修圖紙或方案是否需要取得出租人同意等。若有特別的改建、搭建的,應當約定清楚,對於廣告、店招位置也可約定清楚。

(2)解除合約的違約責任,不僅僅考慮違約金部份,因為違約金常常會約定等同於押金,數額不高,往往不及承租人的裝修損失。因此,應當約定在此情形下,出租人除承擔違約金外,還需要承擔承租人所遭受的裝修損失費用。

(3)明確租賃期滿時,裝修、添附的處置方式。

### 7. 商店配套設施

因商鋪經營的特殊性,對於水、電、電話線均可能有特殊要求,這些公共資源的供應又會受到各種因素影響,建議承租商鋪前,應當先行考察是否滿足使用需求,若不滿足的,確定如何辦理擴容或增量,以及所需費用,並在合約中明確約定相關內容,並規定無法滿足正常需求的情形下,店鋪承租人有免責解除合約的權利。

需要特別提出配套設施的調查。良好的配套能節省商家客戶很多成本與精力,如水、電、燃氣、弱電設施、排汙化油設施等。租賃前一定要核實清楚,要不然改造的難度和成本將直接制約後期的經營效果。

## 8. 可否轉租問題

商鋪市場中經常會遇見許多「二房東」、「三房東」，就存在可否轉租的問題。俗稱的「轉租」其實涵蓋了法律規定的兩種變更方式——「轉租」和「承租權轉讓」。根據法律規定，「轉租」是指上手租賃關係不解除，本手在此建立租賃關係，而「承租權轉讓」是指新承租人直接替代原承租人與出租人（業主）建立租賃關係。在這兩種形式下，需要注意以下問題：

(1)轉租必須取得出租人書面同意。同樣，在承租權轉讓中，解除原租賃合約和重簽新租賃合約，也需要徵得出租人同意。

(2)原承租人往往向新承租人主張一筆補償費，主要補償裝修損失等，此筆費用不屬於承租人法定應承擔費用，但法律亦沒有明確禁止，因此，只要雙方當時協商同意的，也會受到法律保護。建議承租人在支付此筆費用時，應當考慮分批次與轉租或承租權轉讓環節結合起來支付，以此降低資金風險。

## 9. 買賣與租賃

許多承租人經常擔心承租商鋪之後，原業主又將商鋪出售了怎麼辦？其實，承租人完全無須擔心此種風險，因為法律賦予了承租人兩重特殊保護：

(1)出租人在出售時，承租人享有同等條件之下的優先購買權，即若承租人在等同於其他購買人的條件下主張購買該商鋪的，則業主必須將該商鋪出售給承租人，以此保障承租人的使用利益。

(2)即使承租人不想購買承租商鋪的，業主出售後，新的業主也應當履行租賃合約，否則，新業主應當承擔租賃合約中的違約責任。

在承租商鋪之前，需要瞭解該商鋪的商業規劃和有關政策等。

如果承租人將要經營的業態不符合相關的商業規劃和有關政策,例如承租一個不可經營餐飲行業的房屋準備開設酒店,必將導致人力、財力的損失。在無法確定的情形下,承租人可以在租賃合約中特別約定相關事宜作為解約條件,以此避免不必要的違約責任。

# 第五節　家用電器連鎖業的選址體系

該城市電器連鎖店,定位三、四級市場,行政區域劃分,該城市電器連鎖將縣(含縣級市)稱為三級市場,鎮(鄉)稱為四級市場。

## 一、拓展規劃與謀局布點

該城市電器選址體系的當前任務是圍繞拓展工作對經銷商店址進行科學、綜合評估,從而解決經銷商談判中店址價值評估尺度問題,並保證篩選出經銷商中最具增長潛力和發展意義的店址。

從該城市電器未來連鎖規劃來說,選址體系同時要為未來區域、全國性擴張謀局布點進行數據和經驗儲備,以利未來連鎖開店、布點決策,併購和開店是該城市電器連鎖事業擴張的必由之路。

商店行業是植物性行業,立地點的好壞對未來營業額有舉足輕重的影響,因此,選擇好店,搶佔好點,並將點布成面,將是該城市電器連鎖企業發展的核心競爭力之一。在未來競爭可能加劇的態勢下,如何系統前瞻地進行全國謀局和布點規劃,在短期內快速建立星羅棋佈的商店,搶佔三、四級市場連鎖版圖,將是該城市電器

連鎖企業全國成功關鍵，也是選址體系主要任務。

## 二、該城市電器連鎖店定位

### 1. 縣級連鎖店

該城市電器縣級連鎖店，應設立於符合戰略佈局意義的縣鎮核心商圈，在當地居民心中有較高知名度，商店面積在 600～1500 平方米之間，具體標準如下：

(1)縣級商店選址應在符合准入條件的縣城核心商圈，轄區內不少於 20 萬居民，有較好的家電銷售氣氛。

(2)交通方便，與本城往返乘客上車下車最多的車站同一街道附近，或者在幾個主要車站的附近，步行不到 15 分鐘的街道。

(3)商店所處位置在當地有較高知名度，面積不低於 600 平方米，在 600～1500 平方米之間。

(4)店面選擇應臨主幹道，設在三岔路的正面，最好在拐角的位置，位於兩條街道的交叉處。

(5)店外有充足促銷空間或者停車位，至少可停放 20 輛容量。

(6)目標店一定要有突出的外觀形象、豐富的廣告位資源，如門頭和外牆等。

(7)賣場的結構要適合經營家電，無過多立柱、無死角，能夠按公司標準進行商品佈局和出樣，並能為消費者創造一個良好的購物環境。

(8)租金較合理，原則上租金應控制在預期營業額的 2%以內。

## 2. 鄉鎮連鎖店

該城市電器鄉鎮商店應設立於具有輻射性重點城鎮主街道，商店面積為 300～1000 平方米之間，具體標準如下：

(1)鎮級商店選址應在符合准入條件的城鎮主要街道或中心位置，轄區內不少於 4 萬居民，有較好的家電銷售氣氛。

(2)交通方便，在當地車站附近，或者在幾個主要車站的附近，步行不到 15 分鐘的街道。

(3)商店所處位置在當地是必經之路，面積不低於 300 平方米，在 300～1000 平方米之間。

(4)店面選擇應臨主幹道，設在三岔路的正面，最好在拐角的位置，位於兩條街道的交叉處。

(5)店門口具有 30 平方米空地。

(6)目標店門頭應不少於 3 米，有可做牆體廣告外牆不少於 10 平方米。

# 第 8 章

# 連鎖店的選址規範

## 第一節　電器商店選址操作規範

### 1. 區域市場調查規範

#### (1) 目的

深入瞭解市場及消費者情況，進行有效佈局，確保投資回報和有效決策，使區域調查工作有章可循，達到規範化標準化，特制定本規定。本規定適用於該城市電器連鎖公司拓展部。

#### (2) 職責

公司總經理負責本階段及未來發展重點區域選定。拓展部負責組織區域市場調查工作。信息部門負責信息錄入、存儲管理及開發選址決策軟體工作。

### 2. 作業內容

#### (1)市場背景資料日常收集

電器連鎖公司相關部門在運作中有計劃、持續地組織進行市場的背景資料收集工作，以儲備未來大規模擴展所需的信息資料。

市場的背景資料應按照未來選址決策需求的關鍵信息進行規範收集。

#### (2)區域市場調查計劃

根據公司的拓展計劃，公司在現有資料基礎上負責圈選本階段發展之區域，拓展部負責當地市場的總體調查，以保證未來密集的開店或合作，形成佈局優勢。

在進行市場調查時，一定要尊重客觀實際，講究實事求是。對於那些調查數據與經驗數據相差比較大的情況，或者那些具有鮮明地域特色的情況，一定要仔細分析，深入調查，弄清原因。只有這樣，市場調查結果才會是客觀的、科學的，也將會是更準確的。

對選定地區所進行的市場調查主要是從三個方面入手的，這其中對競爭對手的調查要有針對性，一般該城市電器連鎖選擇的是當地銷量位列前三名的商家。

市場調查工作需要花費大量的精力，同時又是至關重要的一項工作。參與該項工作的人員一定要做到細緻和深入，也就是調查得細緻、分析得深入，那怕有一點點模糊或疑問，都不能放過，只要能考慮得到的對該城市電器連鎖有用的數據和資料都應想盡一切辦法得到，並且要保證所有提供的結果的準確性。

### ⑶市場總體調查

### ①市場概況

市場總體調查主要側重於市場宏觀方面的調查，其中主要包括以下幾方面的信息：

a. 城市的自然情況

城市的自然情況包括地理位置、面積、人口、戶數、城區等等。以上信息可以通過統計局提供的數據和當地的地圖瞭解到。

b. 經濟指標

其中主要包括如下指標：國內生產總值、社會消費品零售總額、職工平均工資、居民可支配收入、物價總指數、在崗職工平均工資、居民可支配收入、人均儲蓄存款、消費性支出、恩格爾係數等等。以上信息的來源是當地的統計局編寫的統計年鑑。

c. 電器銷售情況介紹

電器銷售情況介紹方面主要是介紹城市的商業概貌，商業的競爭情況，便於該城市電器連鎖在進入該市場以前，對當地的商業和競爭對手有個總體的認識。主要需要調查的數據包括該城市的商業零售額、主要經營業態、主要的商業企業及其競爭情況。獲取這些信息可以查閱當地政府的網站，或者是查閱地方誌。

d. 主要商圈分佈

商圈分佈的情況，商圈消費的集中度、交通情況、市政建設規劃情況等等。

e. 主要居民區分佈

居民區分佈的主要區域，各區人口的收入水準、年齡構成情況，交通情況等等。

f. 有關消費者的調查

當地消費者的消費習慣及共性的消費心理等等。

②家電行業情況

對城市家電行業情況的調查分為宏觀和微觀兩個方面。宏觀方面主要是獲得家電市場總容量，以及每百戶擁有量。根據每百戶擁有量和當年或前一年的每百戶購買量，可以對下一年的購買趨勢作出預測。宏觀方面的數據可以通過查詢當地的統計年鑑獲得。微觀方面最好是能夠獲得上季或上年主要競爭對手的電器銷售數據。通常這樣的數據由當地的商業部門做統計和管理，一般不易獲得。

③競爭對手情況

對競爭對手的分析可以分不同的經營業態進行，在家電銷售行業的不同的業態中確定最有競爭威脅的業態，在其中找出最有競爭威脅的對手，並對之進行充分的調查和分析。要詳細分析競爭對手在當地的市場地位、市場的佔領情況、經營規模、競爭優勢、信譽度、產品策略、目標消費群體、購物環境、儲運、售後服務、開業後的發展趨勢等等。

④其他方面信息的調查

a. 對政府相關政策的調查和瞭解，包括政府未來幾年內在房屋拆遷、道路拓寬等方面的市政規劃和具體措施，以及在行業調整和建設方面的大致規劃；

b. 特色情況的調查，例如在付款方式上有些地區認可分期付款；

c. 對購物方式發展導向的調查，例如對電子商店、網上購物等的接受和認可程度的調查瞭解；

d. 當地的交通、道路狀況和運力水準。

對於上述數據和資料的來源，一般採用實地考察來獲得。其中 a 項內容非常重要，在考察時要引起重視。

### (4) 各電器市場調查

市場總體報告交連鎖總部，連鎖總部對該報告進行仔細的研讀，瞭解當地市場的主要情況後，針對當地市場的每一個電器市場進行調查。這次調查不同於市場總體的調查，應該更具有針對性，一是要針對相應的電器市場，二是要針對產品、品牌，三是要針對競爭對手，各電器市場調查要深入。

### (5) 統計分析

#### ① 數據的整理和統計

將所採集的數據加以分類；將分類好的數據按類匯總；根據分類匯總結果進行整理和統計，填寫「市場調查數據表」。

#### ② 審核分析

對統計的結果加以分析，並結合該城市電器連鎖的現狀和發展需要（更多的是拓展合作的需要）展開討論，找出其中對該城市電器連鎖有價值的數據；對於那些該城市電器連鎖需要的但是不能直接獲取的數據和材料，尋找獲取的方法。最後對該城市電器連鎖進入該市場的可行性及進入策略進行分析論證。

### (6) 數據錄入與管理

拓展部對調查完成的結果應及時提交信息部門，總部組織進行數據錄入，由信息部門根據市場選址數據庫進行數據的匯總、完善。

# 第二節　商店選址流程

## 1.區域市場調查流程

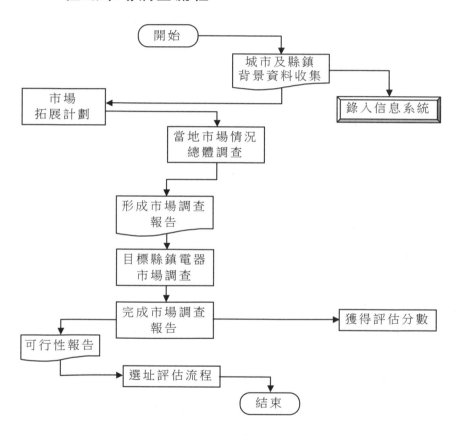

## 2.拓展選址評分流程

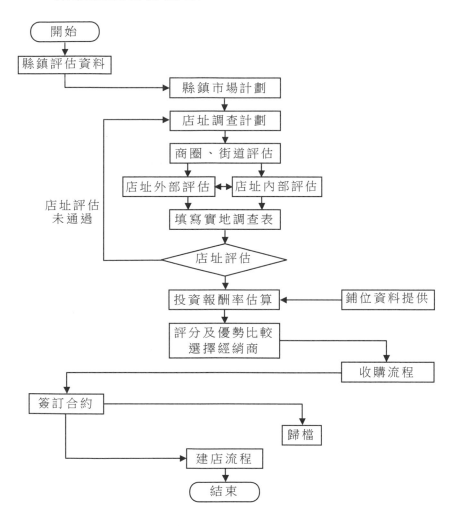

### 3. 直營店選址流程

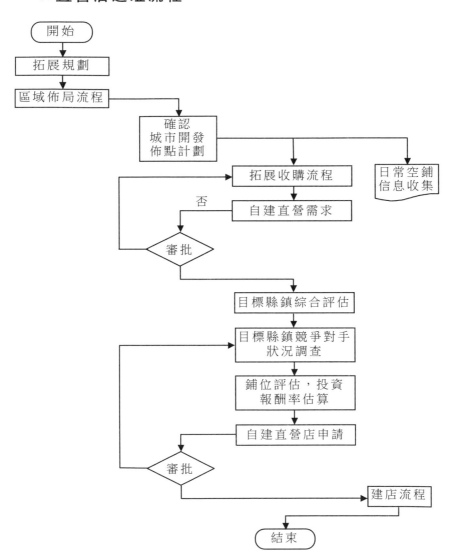

# 第三節　拓展選址評分流程

## 1. 目的

為配合拓展商店的選擇和收購，確保對經銷商店址進行科學、綜合評估，從而解決經銷商談判中店址價值評估尺度問題，並保證篩選出經銷商中最具增長潛力和發展意義的店址，特制定本規定。

適用範圍：本規定適用於該城市電器連鎖拓展部。

## 2. 職責

公司總經理負責經銷商店址的最終選定；拓展部負責組織區域市場調查工作和經銷商及店址綜合評估工作；拓展收購小組負責經銷商談判和篩選。

## 3. 作業

### (1) 確定市場開發計劃時間表

經過前期區域市場調查，拓展部應確定本年縣鎮市場開發計劃時間表，提交總經理。

### (2) 明確各地區合作經銷商名單

拓展部在市場調查基礎上明確各地區可合作經銷商名單，建立店址調查及談判計劃，組織實地調查。

### (3) 經銷商選址評估的要素

在前期的市場調查和論證完成後，明確制定市場的收購合作計劃，再進入實質性的選址評估階段，對經銷商選址評估工作必須把握四大核心要素：

①保密：經銷商選址評估應在保密的狀況下進行，當完成所有備選經銷商的店址評分後才進行經銷商的接觸，店址評分及人流測算等必須在保密情況下進行。

②位置：不論當地市場經銷商經營能力和經營水準如何，其擁有賣場位置是首先考慮的要素，商圈、客流、交通便利、突出的形象、家電銷售氣氛是決定在市場經營成敗的關鍵。

③店面形象與賣場結構：備選合作店一定要有突出的外觀形象、豐富的廣告位資源，如門口有促銷空間，有牆體廣告；賣場的結構要適合經營家電，無過多立柱、無死角，能夠按公司標準進行商品佈局和出樣，並為消費者創造一個良好的購物環境。

④租金：瞭解經銷商及週邊店鋪的租金水準，並側面瞭解目標經銷商租約期限。

**(4)實地店址評估的組織**

①拓展部成立先期小組，在保密的情況下進入目標縣鎮進行經銷商評估，力爭在較短時間掌握所需的信息，為談判爭取主動。

②拓展部應在店址評估前為目標經銷商建立檔案，通過與該城市銷售部門合作進行經銷商個人資料及銷售狀況的瞭解。

③每個目標城市應建立不低於三家備選經銷商檔案及評估資料，先期小組應在規定時間完成計劃合作的市場經銷商評估資料，對店址低於公司市場電器連鎖店定位標準的，不可實際合作但可作為談判籌碼進行資料準備。

**(5)經銷商店址位置調查評分**

先期小組應對當地商圈進行詳細調查，對目標經銷商商店地理位置評估使用「縣鎮商圈及位置狀況考評表」進行實地打分，如意

向經銷商正籌備開新店或遷址，特殊情況須詳細說明。

### (6)經銷商店址調查評分

①店址外部調查，先期小組應對目標經銷商商店進行實地走訪，填寫走訪記錄，對位址不佳但依靠經銷商努力積累而獲得一定經營業績的，不能給予加分。

②經銷商店址的內部調查，先期小組應對目標經銷商商店進行實地暗訪，應用目測及步測方法，對店址內部結構進行評估，填寫「賣場結構及設施考評表」。

### (7)填寫實地調查表

根據調查所獲情況，進行實地調查報告的填寫，補充當地資料，包括主要、次要商圈和家電銷售集中的地帶，以及當地消費水準，明確店址所處地位及內部結構圖。

### (8)店址評分

①根據目標經銷商實際情況對「縣鎮商圈及位置狀況考評表」、「賣場結構及設施考評表」進行評分，確定當地經銷商在店址上的優先順序。

②對目標經銷商店址所處商圈和店址評估任一項未超過公司規定的合格分值的，應予以關注，如經再次詳細評估仍不能達到公司規定標準的應予以淘汰。

③考察過程中發現更合適的店址或空鋪資源，先期小組應一併予以評估記錄，以便公司運作。

### (9)投資報酬率估算

①先期小組完成目標市場的經銷商的評估後，總部將派出談判專家和財務人員與先期小組組成合作談判小組進行經銷商合作談

判準備。

②先期小組應詳細介紹選址情況,談判小組人員應針對經銷商店址進行投資回報估算,判定該店址在當地是否具有戰略意義和稀缺性。

③考察目標經銷商聚客及知名度狀況:目標經銷商商店在當地已開辦一定時間,形成了較好的口碑的,需要從人流及營業指標上評估其聚客能力。

### ⑽綜合比較

①談判小組應對目標經銷商綜合評估因素進行合作評估和投資回報估算。

②合作中開發人員應以勤奮、嚴謹的工作態度和工作方法,充分體現該城市的實力和風貌,贏得合作對象的尊重和支持。

### ⑾收購流程

先期小組應詳細介紹選址情況,談判小組人員應針對經銷商綜合評估因素進行合作評估和投資回報估算。

### ⑿簽訂合約

①經銷商評估資料和合作方式在拓展部經理及財務經理簽字確認後,上交總部審核,審核後連同建築平面圖上報總部備案。

②獲得總經理批准後,與經銷商簽訂合作協議,並將簽訂後的合約原件一份寄回總部存檔,影本一份寄回總部營運中心存檔。

### 4.規定

以上規定部門必須嚴格執行,拓展部負責人要嚴格審核。總部將對選址過程情況進行檢查,發現弄虛作假者將嚴肅處理。

# 第四節　連鎖店的商圈測試規範

## 1. 職責

為配合拓展計劃，完成市場佈局及搶佔有利的戰略位置，保證商店選址工作的品質，防止選址失誤帶來經營損失，規範自建直營店選址操作標準，特制定本規定。

(1)公司總經理負責直營開店決策和店址的最終選定。

(2)拓展部負責組織區域市場調查工作和直營店選址及店址綜合評估工作。

## 2. 作業內容

### (1)拓展計劃制定

拓展部根據公司發展目標制定年拓展計劃，明確本年拓展店數、區域及經營目標，參見年拓展計劃。

### (2)區域佈局

在年拓展計劃與預算明確後，如何系統前瞻地進行區域謀局和布點規劃，在短期內快速建立商店網路和運營規模，搶佔該區域絕對領導地位，將是該城市電器連鎖拓展成功關鍵。區域佈局依據有以下幾點：

①聯片開發：縣、鄉鎮分佈廣，單個市場容量小。這些特性造成開發單個市場的成本很高，很費力，而得到的收穫非常有限。該城市電器連鎖開發市場採取聯片開發策略，一下子開發一個省內的大多數相鄰縣市，形成相對規模，才能攤薄成本，實現贏利，為保

證聯片開發及控制,需要在關鍵位置自建一定直營店。

②同類型市場開發:市場幅員非常遼闊,各地市場的差異性非常大,各地區的文化、風俗、經濟發展水準都迥然不同,通過設計類型市場劃分指標,可將同類市場經營模式複製和快速開發。

③物流配送中心規劃:為保證區域整體運營效益,該城市電器連鎖將進行系統物流規劃,配送中心設立論證後,可依據配送中心覆蓋範圍進行商店開發。

④農村包圍城市戰略實施:該城市電器連鎖拓展要持續強化市場的競爭優勢,同時要防止大型家電連鎖滲透市場,需要和戰略地位較高的市場進行搶點。

### (3)自建直營店需求

區域佈局及合作拓展受阻均需要該城市電器連鎖啟動自建直營店,拓展部將需要直營店建設需求報總經理決策會議論證審批,經充分論證後進行籌建。

### (4)直營選址程序

在選址時一定要本著縣鎮→商圈→店鋪結構條件、租金順序考慮的原則,要明確在那個縣鎮適合開店,在該區域內選擇適合做家電賣場的地點、商圈(某條街、某個路段),將符合結構要求要求的鋪位以最低的租金談下來。

### (5)縣鎮准入評估

市場由於特性,應本著「那些縣條件成熟,就先開發那些縣」的原則,對於還不成熟的縣鎮,可以暫緩開發,或者以較小的力度開發,把資源集中到條件成熟的縣。

①縣鎮准入評估的經濟指標主要有城市總人口、人均 GDP、城

鎮居民人均可支配收入、城鎮與農業人口比例等。

②通過「縣鎮進入係數考評表」，低於 60 分的縣鎮原則上應不進入，除非公司出於戰略上考量可適當加分，評估「物流及溝通輻射狀況評估表」。

### (6)商圈、街道選址評估

連鎖店的選址儘量選擇在核心商圈、商業主幹道，儘量靠近核心位置，不要選擇商圈的末端。儘量選擇交通四通八達、客流量大、人氣旺的核心商圈(或街道)。

①目標商店所處商圈、街道需要符合公司規定條件，該城市電器連鎖店選址在相應區域基本標準如下：

a.縣級連鎖店：該城市電器縣級連鎖店應設立於符合准入評分或戰略佈局意義縣鎮的核心商圈，在當地居民心中有較高知名度，商店面積在 600～1500 平方米之間，具體標準如下：

縣級商店選址應在符合准入條件的縣城核心商圈或中心位置，轄區內不低於 40 萬居民，有較好的家電銷售氣氛。

交通方便，與本城往返乘客上車下車最多的車站同一街道附近，或者在幾個主要車站的附近，步行不到 15 分鐘的街道。

商店所處位置在當地有較高知名度，面積不低於 600 平方米，在 600～1500 平方米之間。

店面選擇應臨主幹道，設在三岔路的正面，最好在拐角的位置，位於兩條街道的交叉處。

店外有充足促銷空間或的停車位，停放 20～50 輛容量。

目標店一定要有突出的外觀形象、豐富的廣告位資源，如門頭和外牆等。

賣場的結構要適合經營家電，無過多立柱、無死角，能夠按公司標準進行商品佈局和出樣，並能為消費者創造一個良好的購物環境。

租金較合理，原則上租金應控制在預期營業額的 1%以內。

b.鄉鎮連鎖店：該城市電器鄉鎮商店應設立於具有輻射性重點城鎮主街道，商店面積為 300～1000 平方米之間，具體標準如下：

鎮級商店選址應在符合准入條件的城鎮主要街道或中心位置，轄區內不低於 10 萬居民，有較好的家電銷售氣氛。

交通方便，在當地車站附近，或者在幾個主要車站的附近，步行不到 15 分鐘的街道。

商店所處位置在當地是必經之路，面積不低於 300 平方米，在 300～1000 平方米之間。

店面選擇應臨主幹道，設在三岔路的正面，最好在拐角的位置，位於兩條街道的交叉處。

店門口具有 20 平方米空地。

目標店門頭應不少於 3 米，有可做牆體廣告外牆不少於 50 平方米。

②通過市政規劃瞭解城市現狀及未來的發展和變化，以確認店址在未來數年內不被拆遷。

**(7)賣場結構及設施評估**

店面條件應滿足公司下列的基本要求。

①面積：600～1500 平方米(不含辦公區、庫房等臨界營業面積)。

②樓層(優先次序)：

a.主一層無臺階。

b.主一層帶地下一層。

c.地下半層。

d.主一層帶二層。

③結構：

a.以適合於商場經營的框架結構為首選。

b.以獨立經營的房屋為主，力求避免店中店。

④層高：賣場內淨空高度 3～4 米。

⑤通道：至少有兩部步行梯通往不同樓層，每部寬度不應低於兩米，步行梯應位於明顯位置。如有電動扶梯更佳。

⑥庫房：如有配套庫房 100 平方米左右更佳，可確保存貨安全，提貨便捷。

⑦設施：

a.應有符合消防標準的消防設備及附屬設備。

b.應有符合標準的煙感報警系統。

c.符合標準的照明系統。

d.常規供水系統。

e.獨立使用並可向顧客開放的洗手間。

f.足夠的電話線路。

⑧停車位：商場前應具備 10 個以上停車位。

⑨免費提供門前充足的促銷活動場地(200 平方米或以上)。

⑩商場外部形象：

a.商場正面寬度應不少於 30 米。

b.商場正面應免費提供不少於 300 平方米的廣告位置，用於設

立企業招牌及提供給廠家製作產品廣告。

c.商場正面應可獨立裝修，突出該商場統一的 VI 標誌。

d.商場側面和樓頂應盡可能多地爭取廣告位。

⑪供電能力(在不含冷氣機和自動扶梯的前提下)：600～1500
平方米不低於 100 千瓦。

⑫租賃資質：

a.出租方必須具備房屋產權、出具產權證明。

b.出租方必須具備房屋出租權，出具房屋出租許可證，並承擔
納稅責任。

c.出租方必須是獨立法人單位，具備獨立對外簽署租賃合約的
資格或有上級授權。

d.出租方必須具備獨立進行房產管理和房產維修能力。

e.出租方必須允許承租方對承租場地進行獨立裝修，封閉管
理，自主經營。

⑬其他要求：

a.對承租方的經營給予支援和配合，出具必要的證明、辦理相
關手續。

b.出租方不得將同址其他場地租賃給承租方經營範圍相同的
商家經營。

c.出租方應有能力幫助承租方處理與當地主管機關的公共關
係。

d.在同等房屋條件下，力爭最低的租金價位。

e.出租方的房屋租金不能有租金年遞增要求(根據談判條件制
定)。

f. 營業面積有擴大空間的，在同等條件下，優先考慮。

g. 一般情況下，租期應在 5～8 年。

## ⑻人流量測算方法與規則

①人流量測算是對於可選賣場聚客情況的客觀認識，如新店選址並未在核心商圈或縣鎮中心，則應進行人流量測算和對於人流品質的觀察判斷，才可能客觀地呈現預定點（或商圈）是否具有開發價值。新店選址呈報總部連鎖發展部評估之前需要測算人流量。

②人流量測算規則及方法：

a. 測算的時間為週一至週五（其中兩天），每天的測算時段為早上 8：00～晚上 10：00；

b. 在進行測算的兩天內，應避免法定節假日；

c. 統計的人流，應當是店址一側，經過店址主入口正前方的人流。

③在下列情況下，可將店址對面人流的 50%計入總人流量：

a. 店址正前方的道路寬度小於雙車道，且道路中間沒有任何障礙和隔斷；

b. 選址正前方的道路是步行街且中間有障礙間斷性的隔斷（如花台等），但是，該步行街必須是由政府確認的，並且至少在今後兩年內不會改變，若有任何特殊情況，請說明；

c. 將道路對面人流的 50%計入總人流量。則總人流量的計算如下：

$$總人流量＝店址－側人流量＋店址對面人流×50\%$$

④在下列情況下，可將店址對面人流的 100%計入總人流量：

如果店址正前方為步行街，且步行街中間沒有任何障礙，則可

將對面人流全數計入。總人流量的計算如下：

$$總人流量＝店址－側人流量＋店址對面人流$$

⑤在下列情況下，不得將店址對面人流計入總人流量：

除步行街外，若馬路中間有障礙存在，則一律不得統計對面人流。則總人流量的計算如下：

$$總人流量＝店址－側人流量$$

⑥只有當店址附近 100 米範圍內有總計不小於 100 平方米的自行車停放區時，才可以統計自行車流量。

將自行車流量的 50%計入總人流量。則總人流量的計算如下：

$$總人流量＝步行人流量＋自行車流量×50\%$$

在數摩托車時請使用以上規則(同自行車一樣)。

⑦開發人員觀察與分析人流品質：

瞭解人流的品質是該城市電器連鎖開發工作的重要組成部份。開發人員應於不同的時段前往新址查看人流情況，一般分為上午、中午高峰時段、下午、傍晚高峰時段、晚上等幾個時段前往觀察。這樣才能全面掌握該店一天的人流品質情況。在前往觀察人流的同時，應注意以下事項：

- 從人的衣著及外表試著判斷經過該店門前的人流中屬於城市人口的百分比。
- 試著判斷經過該店門前的人流的年齡層次情況，判斷 12～40 歲之間的人所佔整個人流的百分比。
- 判斷經過該店門前的人流動線方向，該店是否處於人流動線上，判斷經過該店門前的人流來此地的目的何在，來此的主要目的是何種，所佔百分比情況。

### ⑼自建直營店申請及審批

選址小組上報立項材料,包括:該城市可選賣場、該城市賣場、競爭對手分佈態勢圖;可選賣場的位置及商流圖(標註週邊商場、競爭對手、街道、車道數、公車站位置、公車數量、客流方向及多少等);可選賣場的所處商圈照片、賣場外立面照片(全景)、廣告位位置示意圖、內部結構照片、賣場建築平面圖(須標明我方租賃面積)、週邊商場照片等;完整的調查分析報告,包括選址情況分析表、全套附件的可選賣場調查表格。

拓展部出具初步評估意見並向總經理提交立項申請報告,總經理核准。

對拓展部上報的年經營情況預測表,由總部營運中心和物流部修正後,由總部財務中心對各項數據進行匯總修正,修正後的年經營情況預測表報營運副總經理/總經理審核後由分部在該店開業後嚴格執行。

對上報的租賃合約,由拓展部進行初審,總辦法務部進行復審,未獲通過的合約分部應按總部修改意見與甲方再次談判進行修改,並再次提交總部審核,合約審核通過並經營運副總經理、總經理簽署意見後報公司總經理審批。

獲得總經理批准後,由拓展部立即和業主簽訂房屋租賃合約,並將簽訂後的合約原件一份寄回總部總辦存檔,影本一份寄回總部營運中心存檔。在簽約當天將簽約通知單傳回總部營運中心。

## 表 8-4-1　縣鎮進入係數考評表

| 序號 | 維度 | 100 | 80 | 60 | 40 | 0 | 權重 |
|---|---|---|---|---|---|---|---|
| 1 | 城市總人口 | 100 萬以上 | 80～100 萬 | 60～80 萬 | 40～60 萬 | 40 萬以下 | 15% |
| 2 | 城鎮與農業人口比例 | 40%以上 | 35～40% | 25～35% | 20～25% | 20%以下 | 10% |
| 3 | 商品零售價 | 高於全國平均價格10%以上 | 高於全國平均價格1～10% | 等於全國平均價格 | 低於全國平均價格1～5% | 低於全國平均價格5%以下 | 10% |
| 4 | 主要家電年銷售額 | 年銷售額1億元以上 | 8000～1億元 | 6000～8000萬元 | 5000～6000萬元 | 年銷售5000萬元以下 | 10% |
| 5 | 家電銷售行業競爭情況 | 價格競爭活動不多或不強,商場位置較好,裝修檔次一般 | 有一定的價格競爭活動,商場位置好,裝修檔次較高,與家電廠家的關係不好 | 價格競爭活動頻繁,商場位置非常好 | 價格競爭活動較多,商場位置非常好,裝修檔次一般,與家電廠家的關係好 | 裝修檔次高,與其他家電廠家的關係非常好 | 5% |
| 6 | 媒體情況 | 本地媒體的收視率、閱讀率、收聽率60%以上,集中影響面廣 | 本地媒體的收視率、閱讀率、收聽率40%以上,影響面較廣 | 本地媒體的品質不高,收視率、閱讀率低 | 本地媒體的品質不高,收視率、閱讀率低 | 沒有有線電視等媒體 | 10% |
| 7 | 活動及趕集日 | 常年有本地特色的產品博覽會或交易會,獨特的當地文化節日等 | 有本地特色的產品博覽會或交易會,獨特的當地文化節日等 | 每月有定期的趕集日 | 每季/年有定期的趕集日 | 沒有本地特色的產品博覽會或交易會,沒有獨特的當地文化節日等 | 5% |

續表

| 序號 | 維度 | 100 | 80 | 60 | 40 | 0 | 權重 |
|---|---|---|---|---|---|---|---|
| 8 | 城鎮未來發展方向 | 未來本區域經濟、金融、商貿、旅遊、文化、交通樞紐、物流中心 | 本區域經濟、商貿、文化、交通樞紐 | 大型礦產開發和專業化工業產品製造重鎮 | 城鄉接合部，衛星居住城市 | 以傳統農業為主 | 5% |
| 9 | 政府開放程度 | 沒有地方保護主義，辦事程序簡單，廉潔勤政 | 有一定程度的地方保護主義，辦事程序比較複雜，效率較高 | 地方保護主義嚴重，辦事程序複雜，效率低 | 地方保護主義嚴重 | 地方保護主義嚴重 | 3% |
| 10 | 市政基礎設施 | 配套發達 | 基礎設施齊全但品質不高 | 城市基礎設施不齊全 | | 配套不全，品質差 | 2% |
| 11 | 人力資源 | 當地連鎖零售商業、家電生產銷售企業多 | 當地零售商業企業人才或家電銷售公司人才多 | 當地商業企業人才較多 | | 當地零售商業企業人才或家電銷售公司人才少 | 5% |

主管核實與意見：

城市狀況考評結果：很好（　　）　　較好（　　）　　一般（　　）　　不好（　　）

綜合此城市狀況，在該城市市場准入考評的結果是：

　　　宜早開店（　　）　　適宜開店（　　）　　延期開店（　　）　　不能開店（　　）

## 表 8-4-2　物流及交通輻射狀況考評表

| 序號 | 維度 | 100 | 80 | 60 | 40 | 0 | 權重 |
|---|---|---|---|---|---|---|---|
| 1 | 地理位置 | 位於兩核心城市中間，距離50公里 | 位於兩省交界處，多條國道通過 | 位於兩省交界處，一條國道通過 | 輻射週邊 10 個縣鎮 | | 20% |
| 2 | 物流配送中心規劃 | 配送中心所在地 | 距規劃30公里 | 距規劃50公里 | 距規劃80公里 | 不在規劃內 | 30% |
| 3 | 本區是否有鐵路、碼頭 | 同時有鐵路、水運碼頭 | 同時有鐵路大運運過 | | | | 10% |
| 4 | 當地的長短途交通線路數量 | 25 條以上 | 15～25條線 | 8 ～ 15條線 | 8 條線以下 | | 10% |
| 5 | 平均出站時間 | 80%以上每 5～10分鐘一趟 | 65 ～ 80%每 5～10 分鐘一趟 | 50 ～ 65%每 5～10 分鐘一趟 | | 50%以下 5～10分鐘一趟 | 10% |
| 6 | 半小時交通輻射人口 | 200 萬以上 | 150 ～ 200萬 | 100 ～ 150 萬 | 80 萬～100 萬 | 80 萬以下 | 10% |
| 7 | 車線路經過區域半徑 3 公里內該城市已開賣場數量 | 84 個 | 5～8 個 | 3～5 個 | | | 10% |

| 主管核實與意見：<br>註：本城市狀況考評結果：很好(　)　較好(　)<br>　　　　　　　一般(　)　　不好(　) | | 綜合得分 | |
| | | 填表人 | |
| | | 填表時間 | |

## 表 8-4-3　三、四級縣鎮商圈及位置狀況考評表

| 序號 | 維度 | 100 | 80 | 60 | 40 | 0 | 權重 |
|---|---|---|---|---|---|---|---|
| 1 | 商圈/街道情況 | 僅一個複合商圈（街道） | 有多個專業商圈（街道） | 有多個複合、專業商圈（街道） | 自創商圈 | | 10% |
| 2 | 本商圈級別 | 核心商圈/主街 | 次商圈/次要街 | 衛星商圈/背街 | | 零商圈 | 10% |
| 3 | 商圈內各類商場的營業面積 | 10000～15000平方米 | 6000～10000平方米 | 6000平方米以下 | | | 5% |
| 4 | 適用家電商場面積 | 3000～4000平方米 | 2000～3000平方米 | 2000平方米 | 1000平方米 | | 10% |
| 5 | 商圈各類商場的年銷售額 | 5億元以上 | 3～5億元 | 2～3億元 | 1～2億元 | 1億元以下 | 5% |
| 6 | 商圈內電器連鎖競爭 | 無電器連鎖 | 三家電器經銷店 | 當地較有名氣的地方電器連鎖店 | 有（XX牌）電器連鎖店 | 同時有電器連鎖店 | 20% |
| 7 | 商圈購物群體狀況 | 本地購物人群佔85%以上 | 本地購物人群佔65～85% | 本地購物人群佔50～65% | 本地購物人群佔50%以下 | | 10% |

- 193 -

續表

| 序號 | 維度 | 100 | 80 | 60 | 40 | 0 | 權重 |
|---|---|---|---|---|---|---|---|
| 8 | 本賣場離該商圈中最大人氣最旺的商場距離 | 與最大人氣最旺的商場連體或上下層近貼經營 | 與最大人氣最旺的商場50米內,或對面經營 | 與最大人氣最旺的商場100米內,對街或拐角經營 | 與最大人氣最旺的商場100米外,不在同一條街道經營 | | 10% |
| 9 | 電器購買主要形態 | 潮流式購物 | 添置式購物 | 置業式購物 | | | 10% |

主管核實與意見:

商圈狀況考評結果:很好(　)　較好(　)　一般(　)　不好(　)

綜合此城市狀況,在該城市市場准入考評的結果是:

　　　　適宜開店(　)　延期開店(　)　不能開店(　)

## 表 8-4-4　賣場結構考評表

| 序號 | 維度 | 100 | 80 | 60 | 40 | 0 | 權重 |
|---|---|---|---|---|---|---|---|
| 1 | 門頭長度 | >8 米 | 6～8 米 | 4～6 米 | 3～4 米 | <3 米 | 10% |
| 2 | 可用門面長度 | >8 米 | 6～8 米 | 4～6 米 | 3～4 米 | <3 米 | 10% |
| 3 | 賣場樓層 | 主一層無臺階 | 主一層帶地下一層 | 地下半層 | 主一層帶二層 | | 10% |
| 4 | 賣場樓層結構 | 框架結構，通透性強，中間只有立柱，沒有拐角、死角 | 框架結構與板塊房屋型結構相結合，大約 20% 的面積有隔牆或死角 | | 板塊房屋型結構，50% 以上的面積有隔牆或死角 | | 10% |
| 5 | 賣場外牆位置 | 賣場處十字路口，兩面外牆臨主街道70 米以上 | 賣場單面外牆臨主街道50～70 米 | 賣場單面外牆臨主街道30～50 米 | 賣場單面外牆臨主街道15～30 米以下 | | 10% |
| 6 | 賣場外空地/停車位 | 200 平方米以上 | 150～200 平方米 | 100～150 平方米 | 80～100 平方米 | 80 平方米以下 | 10% |
| 7 | 賣場入口及通道 | 兩個以上臨街出入口，店對正門口，有 2 米左右的步行通道 | 兩個出入口，店中2 米左右寬的步行通道 | 只有一個臨街出入口 | 有一個 2 米寬的步行樓梯 | | 5% |

續表

| 序號 | 維度 | 100 | 80 | 60 | 40 | 0 | 權重 |
|---|---|---|---|---|---|---|---|
| 8 | 賣場廣告位 | 外牆 300平方米以上廣告位或內部 200 平方米以上廣告位 | 外牆 150～300 平方米廣告位或內部100～200平方米廣告位 | 外牆 50～150 平方米廣告位或內部 50～100 平方米廣告位 | 外牆 50 平方米以下廣告位或內部 50 平方米以下廣告位 | | 10% |
| 9 | 賣場樓層高度 | 單層吊頂後 3.5 米以上，或複式淨高 6.5 米以上 | 單層吊頂後 3～3.5米 | 單層吊頂後 2.5～3米 | 單層吊頂後 2.5 米以下 | | 5% |
| 10 | 賣場供電 | 180 千瓦以上 | 150～180千瓦 | 100～150千瓦 | 100 千瓦以下 | | 5% |
| 11 | 賣場結構可調整性 | 可大面積隨意調整 | 只能局部調整 | | 基本上不能調整 | | 10% |
| 12 | 其他設施衛生間 | 有 | | | | 沒有 | 1% |
| 13 | 消防設備及輔助設備 | 有 | | | | 沒有 | 2% |
| 14 | 有 10 條以上電話線 | 有 | | | | 沒有 | 1% |
| 15 | 供水系統 | 有 | | | | 沒有 | 1% |

主管核實與意見：
註：本「賣場結構及設施」的考評結果採取加權法，85 分以上為很好，75～85 分為較好，65～75 分為一般，65 分以下為不好。
　　城市狀況考評結果：很好(　) 　較好(　) 　一般(　) 　不好(　)

# 第五節　（案例）美髮連鎖店的選址

## 一、選址總流程

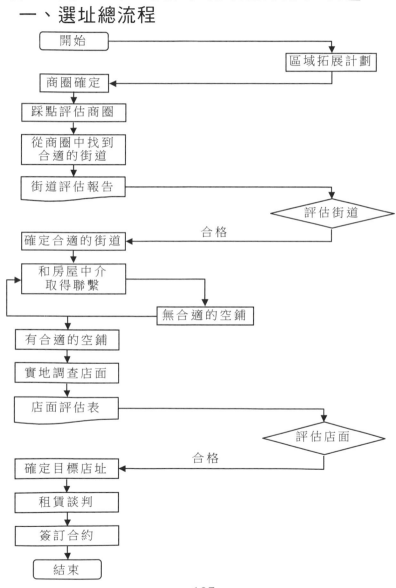

## 二、操作內容規範與方法

### 表 8-5-1　選址操作規範流程

| | 操作內容規範 | 操作方法與工具 |
|---|---|---|
| 步驟一 | 確定商圈、選擇街道 | |
| 1 | 區域拓展計劃<br>運營總監明確本階段布點的數量、區域 | 公司高層會議結論 |
| 2 | 商圈確定<br>確定本區域的商圈<br>(一級商圈、二級商圈、三級商圈) | 確定商圈的辦法：<br>在地圖上找出該區域的商業中心(一級商圈)、大型超市(二級商圈)、一般購物中心(三級商圈) |
| 3 | 踩點評估商圈 | 評估商圈的辦法：<br>把上述重要商圈在地圖上標註，並且駕車實地考察 |
| 4 | 從商圈中找到合適的街道 | 尋找合適街道的辦法：<br>按照「商圈調查標準表」要求填寫考察過的街道。 |
| 5 | 街道評估報告 | 撰寫街道評估報告的辦法：<br>1.完整填寫「商圈調查標準表」<br>2.現場拍攝：a.人車流；b.大型集客中心；c.各個角度拍攝街道情況；d.競爭對手情況<br>3.評估競爭對手經營情況<br>4.繪製街道商業地圖 |

續表

| | 操作內容規範 | 操作方法與工具 |
|---|---|---|
| 6 | 評估街道 | 運營總監結合自身經驗評估街道 |
| 7 | 確定可以開店的街道 | 從提供的街道資料中，篩選確定可以開店的街道 |
| 步驟二 | 店面考察、裏裏外外 | |
| 1 | 和房屋仲介取得聯繫<br>收集當地的商用房屋仲介<br>訪問房屋仲介 | |
| 2 | 無合適的空鋪 | |
| 3 | 有合適的空鋪 | |
| 4 | 實地調查店面 | 實地調查的辦法：<br>1. 店面外部情況拍攝<br>2. 店面內部情況拍攝並索取平面圖<br>3. 瞭解店面租金及其他商務情況<br>4. 把店址標註在街道商業地圖上 |
| 5 | 店面評估表 | 按照「店面評估表」認真填寫店面情況 |
| 6 | 評估店面 | 運營總監結合自身經驗評估店面 |
| 7 | 確定目標店址 | 從提供的店面資料中，篩選確定目標店 |
| 步驟三 | 租賃談判、簽訂合約 | |
| 1 | 租賃談判 | 詳細記錄租賃談判，填寫「商店租賃條件表」<br>獲得詳細的租賃條件，填寫「商店現場情況表」 |
| 2 | 簽訂合約 | |

# 表 8-5-2　街道評估表

所屬商圈：　　街道名稱：　　填表人：　　　　時間：

| 評估維度 | 指標 | 參數或標準 | 街道情況 |
|---|---|---|---|
| 街道條件 | 街道長度 | >500 米 | |
| | 街道寬度 | <12 米 | |
| | 店鋪數量 | >200 家 | |
| | 人流出入口 | >8 個 | |
| | 交通情況(公車線) | >5 條 | |
| | 街道成熟度 | >3 年 | |
| | 覆蓋人群 | >6000 戶 | |
| 人流車流情況 | 人流量(人/30 分鐘) | | |
| | 早上 | >100 | |
| | 中午 | >100 | |
| | 晚上 | >200 | |
| | 車流量(輛/30 分鐘) | | |
| | 早上 | >20 | |
| | 中午 | >20 | |
| | 晚上 | >30 | |
| 競爭情況 | 典型競爭商店 | >2 家 | |
| 加分項目 | 商業業態豐富性(註①) | 有商超 | |
| | 社區服務的全面性 | 有學校或其他文化設施 | |
| | 商業業態快捷性(註②) | 有便利店 | |
| | 交通優質程度 | 有地鐵或是輕軌站 | |
| 廻避情況 | 有大型在建工程 | | |
| | 未來屬於政府拆遷區域 | | |
| 評估級別 | 優秀：達到 15 項<br>良好：達到 12 項<br>合格：達到 9 項 | | |
| 總評 | | | |

# 表 8-5-3　目標店面評估表

所在街道：　　　店面門牌號：　　　調查時間：　　　調查人：

| 評估維度 | 指標 | 參數或標準 | 目標商店 |
|---|---|---|---|
| 商店外部 | 人流量（人/分鐘） | | |
| | 早上 | >10 | |
| | 中午 | >10 | |
| | 晚上 | >20 | |
| | 車流量（輛/30 分鐘） | | |
| | 早上 | >20 | |
| | 中午 | >20 | |
| | 晚上 | >30 | |
| | 門前空地 | >20 平方米 | |
| | 左右隔壁 | 不得為空鋪 | |
| | 店前臺階 | <5 級 | |
| 商店內部 | 使用面積 | 60～80 平方米 | |
| | 招牌長度 | >4 米 | |
| | 招牌條件 | 無遮攔，可視性好 | |
| | 開間 | >4 米 | |
| | 建築結構 | 全部為水泥或磚混承重牆 | |
| | 配套水電 | 電力負荷>10 千瓦 | |
| 合約條件 | 租金 | <6 元/（平方米·月） | |
| | 轉讓費用 | <10 萬元 | |
| | 簽約 | >5 年 | |
| | 租金增長狀況 | <10% | |
| | 物權 | ≤2 手 | |
| 加分項目 | 店面在街道南面 | | |
| | 租金比隔壁低 | | |
| | 無轉讓費 | | |
| | 前任店面經營狀況優 | | |
| 評估級別 | 優秀：達到 18 項<br>良好：達到 15 項<br>合格：達到 12 項 | | |
| 總評 | | | |

## 表 8-5-4　租賃條件表

| 基本資料 | 地址 | | | | 表單編號 | |
|---|---|---|---|---|---|---|
| | 所屬區域 | | 商圈類型 | | 面積 | □單層<br>□雙層 |
| | 所有權人 | | | | 洽談對象 | |
| | 洽談者身份 | | 聯繫電話 | | 簽約人 | |
| | 使用情況 | □空屋<br>□正使用，租約於　年 月 日到期 | | | 可入駐時間 | 年 月 日 |
| 洽談記錄 | 1 | 時間 | | | | |
| | | 方式 | | | | |
| | | 地點 | | | | |
| | 2 | 時間 | | | | |
| | | 方式 | | | | |
| | | 地點 | | | | |
| | 3 | 時間 | | | | |
| | | 方式 | | | | |
| | | 地點 | | | | |
| 最終條件 | 租金 | | | | | |
| | 其他條件 | | | | | |

## 表 8-5-5　現場情況表

| 基本資料 | 地　　址 | | | | 表單編號 | | |
|---|---|---|---|---|---|---|---|
| | 行政區域 | | 商圈類型 | | 變更使用 | □是　□否 | |
| 建築條件 | 共　層樓；<br>人行道寬：　米<br>馬路寬：　米 | | 騎　樓 | □是<br>□否 | 屋　齡 | 年 | |
| | 外　觀 | □新<br>□舊 | 樓壁面 | □瓷磚　□水泥粉光　□金屬　□石材<br>□其他 | | | |
| 基礎設施 | 水 | □自來水<br>□非自來水 | 衛浴 | □原有　□可增加<br>□不可增加 | 水　費 | 元／立方米 | |
| | 電　表 | □獨立<br>□分表 | 電表功率 | □單相<br>□三相 | 最高負載 | 千瓦 | 電費 | 元／千瓦 |
| | 電　話 | □有<br>□否 | 寬帶 | □有　□否 | 服務公司 | □電信　□網通　□鐵通<br>□其他 | |

續表

| | | |
|---|---|---|
| 一般<br>條件 | 空　調 | |
| | 天　花 | |
| | 地　面 | |
| | 壁　面 | |
| 消防<br>安全 | 防　火 | |
| | 避　難 | |
| | 逃　生 | |
| 招牌<br>廣告 | 橫招尺寸 | |
| | 直招尺寸 | |
| | 騎樓尺寸 | |
| | 相關法規 | |
| 店面情況 | 店面 | □窄形　□寬形　□方形　□圓弧形<br>店面個數：＿＿＿個，商店總寬度：＿＿＿釐米 |
| | 閣樓 | □無　□有　若有：□可拆　□不可拆 |
| | 樓梯 | □無　□有　若有：□可拆　□不可拆 |
| | 室內 | 層高＿＿＿釐米　／最低樑下高＿＿＿釐米　／樑高＿＿＿釐米 |
| 資料收集 | | 提供：□相片＿＿＿張　□錄影帶＿＿＿卷　□平面、管線圖＿＿＿張 |
| 特殊情況 | | |
| 現場平面圖<br>1：100 | | 可另附紙張 |

# 第六節　（案例）日本 7-11 便利店的選址

在日本的零售業中，便利店作為一種追求便捷的優質服務的商業形式一直佔據著舉足輕重的地位。而在這一新型零售業態中，7-11 公司可以說是鶴立雞群，與眾不同，儼然成為世界便利店的楷模。7-11 公司不同於日本其他零售店和便利店，卓越的店鋪和商品管理是它經營的最大特點和優勢，也是其生存發展的基石。良好的店址選擇是其店鋪開發過程中首要的和最為重視的要素，店址選擇的失誤將直接導致店鋪運作的低效率和投資損失，因此，選址歷來是 7-11 店鋪管理中十分重要的內容。

一般來講，便利店店鋪開發過程中主要考慮四個因素：一是店址；二是時間；三是備貨；四是快速(不需要加工)。在店址的選擇上，7-11 考慮的一個基本出發點是便捷，從大的方面來講，就是要在消費者日常生活的行動範圍內開設店鋪，諸如距離居民生活區較近的地方、上班或上學的途中、停車場附近、辦公室或學校附近等等。

除此之外，7-11 在店鋪開發中還十分關注其他便利店的選址情況，因為強調店鋪的便捷性是所有便利店共同的出發點，因此，極有可能產生選址地點一致的現象。在這種情況下，7-11 側重的是透過細微的對比尋求最優的點，也就是說，任何地方都有位置的優劣之分，這可能是因為方向不同、一地的主要建

築物不同或地勢不同等等所造成的，因此，7-11 的店鋪開設就要找出這種差異，讓它在最優的位置上生根。例如，有紅綠燈的地方，越過紅綠燈的位置最佳，因為它便於顧客進入，又不會造成店鋪門口的擁擠堵塞現象；在有車站的地方，車站下方的位置就要比車站對面的位置好，因為來往的顧客購物比較方便，省去了過馬路的麻煩；在有斜坡的地方，坡上要比坡下好，因為坡下行人過往較快，不易引起顧客的注意。

7-11 特別注意在居民住宅區內設立店鋪，而且在決定店鋪位置的時候，非常注意避免在下述地點建店，即道路狹窄的地方、停車場小的地方、入口狹窄的地方以及建築物過於狹長的地方等等。當然，不能說 7-11 完全避免了上述情況，但是這些情況發生的比率非常小，這一點比其他任何便利店都要突出。

7-11 店鋪設立決策除了考慮地點和週圍環境外，還有一個因素是十分重要的，那就是加盟者的素質和個人因素。7-11 對經營者的素質和個人因素有較高的要求，正因為如此，7-11 在與經營者簽訂契約之前，都要按一定的標準嚴格審查加盟者的素質和個人條件。在素質方面，主要是強調經營者要嚴格遵守 7-11 店鋪經營的基本原則，這是 7-11 經營的核心和訣竅，所以作為經營者不僅要能夠理解這些原則對店鋪運營的作用，而且在實際經營中能很好地執行。

這些基本原則主要有四點，即鮮度管理(確保銷售期限)、單品管理(單品控制，防止出現滯銷)、清潔明亮(有污垢立即清掃，保持整潔明亮的店鋪)和友好服務(熱情、微笑待客)。個人因素是 7-11 公司在店鋪設立過程中十分注重的因素，這也構成

了 7-11 店鋪管理的一大特色。

　　這些因素包括加盟者的身體健康狀況、對便利店的瞭解程度、性格、夫妻關係融洽與否、孩子的大小以及本人的年齡等等。因為在 7-11 看來，店鋪是由人來運營的，所以，每個人的個人狀況都會直接或間接影響他對店鋪的經營和管理。例如說身體狀況，由於經營便利店是一個十分辛苦的工作，他在為別人提供方便的同時，自己卻承擔著繁重的勞動，特別是在沒有旁人頂替或應急時經常要通宵工作，所以，沒有強壯的身體無論如何是無法應付這種快節奏、高強度的工作的；此外，夫婦之間關係的融洽、孩子的大小等等都決定了經營者是否有充沛的精力從事便利店的管理和經營。

　　7-11 在召集經營者時，要求加盟者必須在 50 歲以下，其用意不言而喻。如此看來，7-11 對經營者的考察可謂事無巨細。

　　如果說以上還是從細微之處來考察店鋪設立的話，7-11 公司還有其他一些戰略性的措施以保障店鋪設立的正確性和及時性。

　　第一，店鋪的建立是否與伊藤洋華堂的發展戰略相吻合。在伊藤洋華堂已進入的地區，由於商業環境和商業關係都已經建立和完善，所以，在這些地區，7-11 可以立即進入，像 1974 年建立的福島 7-11 店和 1978 年建立的札幌 7-11 店均屬這種情況。

　　第二，在進入新地區時，根據地方零售商的建店要求從事店址考察，並在此基礎上，探討有無集中設店的可能，即在目標市場實行高密度、多店鋪建設，迅速鋪開市場。由於集中沒

店能降低市場及店鋪開發的投資，有利於市場發展的連續性和穩定性，便於 7-11 的高效率管理。

因此，它已成為 7-11 在店鋪建立管理中的主要目標和原則，在實際操作過程中，7-11 往往會收到很多要求建店的申請，卻並不是接到申請後就立即建店，而是根據 7-11 的地區發展規劃，在同申請者充分溝通後再作決定。

7-11 店鋪的開發由其總部負責，總部內設有開發事業部，在開發事業部中，店鋪開發部與店鋪開發推進部是分開的，前者是對既存的零售店進行開發；後者是從事不動產開發和經營。從工作的難易程度講，前者更為困難。因為前者是在對現有商家進行改造的基礎上形成的，那些商家投入了大量的資金和人力、物力，頗有背水一戰之意，這就要求 7-11 能及時給他們以指導，保證其經營獲得成功。而對 7-11 來說，從大量的申請者中選出富有競爭力的商家也是一件極具挑戰而工作量又很大的工作。

以日本北海道釧路地區為例，1994 年有多家酒類零售商申請加入 7-11，以圖在激烈的市場競爭中能夠生存和儘快發展。當時，共有商家 400 多家，其中 8 家從事折扣店業務，佔領著當地市場的 38%～40%，而剩餘的 392 家只擁有 60%～62%的份額，在強烈的危機感驅動下，他們紛紛要求加入到 7-11 的行列。對於零售商的熱情，7-11 並不盲目應允，而是認真考慮釧路地區是否為 7-11 整體發展戰略中的一個組成部份。

由於當時的日本 7-11 正在從北海道的札幌、旭川、函館向北見、網走等地區進軍，此後的目標市場便是十分有希望的釧

路、帶廣，因此，地方零售商的意願與 7-11 整體發展戰略不謀而合。

在這種情況下，7-11 接納了地方零售商的申請。除了地區戰略上的考慮外，7-11 做的第二步是透過與申請者的溝通，讓他們瞭解便利店的經營特點和基本要求，從中甄選出熱心便利店業務、有能力的經營者。1995 年夏天，7-11 在開設了第一家店鋪，之後到 1996 年 7 月，發展到了 20 家，全部實行 24 小時營業，其中有 70％的店鋪是原來的酒類零售店。7-11 正是透過上述戰略和管理辦法，使自己的店鋪迅速擴展到日本全國市場，貫穿南北，從而當仁不讓地成為日本便利店中的老大。

# 第 **9** 章

# 連鎖業的開店籌備工作

## 第一節　連鎖店的籌備進度安排

　　有了開店需要完成的工作任務，設計了開店組織結構並進行了工作分工，還不能保證店鋪就能順利開業。開業工作從店址確定之日起即開始籌備，到開業當天結束，想要在此過程中完成商品、人員、資金、工程等方面的各項準備工作，就要有一個合理詳細的工作流程來加以計劃和安排。

　　制定合理的工作流程最常見的方法是列出開店的工作進度表（開業籌備進度表），以保證各項工作如期完成。

　　開業籌備進度表是表示整體控制、管理開店工作的表格，內容一般包括專案的具體內容、任務的起止時間、執行者名稱，要特別註明的內容應在備註欄中說明。有了開業籌備進度總表以後，接下來就要按照部門來制定詳細的開店計劃表。

## 表 9-1-1　籌備進度表

| 專案內容 | 籌備階段 | 要點 | 執行者 |
|---|---|---|---|
| 決策開店 | 醞釀確定實施 | 決定開店、位置選擇 | 籌委會 |
| 經營方針 | 草案調整定案 | 確立經營方針 | 籌委會 |
| 樓層佈局 | 設計洽談，施工進度排定， | 確定商品構成 | 籌委會 |
| 內部裝修 | 施工完成 | 突出商品特色 | 籌委會 |
| 設備安裝 | 醞釀完工 | 調整建築結構 | 工程部 |
| 商品策略 | 醞釀調整 | 實現商品差別化組織功 | 籌委會商品部 |
| 採購商品 | 醞釀確定方針，採購完成 | 能強化 | 商品部 |
| 營運組織 | 醞釀方針組織，決定執行 | 作業流程系統化確定營 | 人力資源部 |
| 商品管理 | 醞釀決策執行 | 業目標 | 商品部 |
| 銷售計劃 | 醞釀定案 | 商品品質的保證注意行 | 營運部 |
| 採購計劃 | 醞釀定案 | 銷功能的運用開業部門 | 營運部商品部 |
| 廣告計劃 | 醞釀決策立案執行 | 間配合 | 行銷部 |
| 人員聘用 | 幹部招聘、員工招聘，組織 | | 人力資源部 |
| 教育訓練 | 營業組上架開業前廣告 | | 行政部 |
| 商品進場 | 公關活動、試營業 | | 商品部營運部 |
| 短期預算 | 管理制度 | | 財務部 |
| 典禮準備 | 員工制服的準備等 | | 行銷部 |
| 補充事項 | | | 各有關部門 |
| | | | 行政部 |
| | | | 行政部 |

# 第二節　安排適合的員工

　　成功企業的招聘工作並不是在所有的應聘者中選最好的，而是應該挑選最合適職位需要的。

　　最好的不一定就是最合適的，我們需要的是能完成特定工作的員工，要量才適用。由於店面的工作往往比較辛苦，所以一般認為選擇生活環境相對艱苦的員工比較合適，因為他們更能吃苦；同時，店面絕大部份工作崗位，如作業人員，所要求的知識文化程度也不會太高，所以在文化程度的標準上應該合理確定，這樣可以避免高級人才低位使用的風險，同時也降低了用工成本。當然，對於某些特殊的商品，可能要求作業人員有相當專業的產品知識來應對顧客的問詢，這些都需要區別對待。

　　招聘時除了考察人員的能力以外，企業還需關注對應聘人員心態的考察，招來一隻快樂向上、激情工作的隊伍，這也是打造店面快樂工作的基礎。一個愛笑的人通常是一個積極主動，熱愛生活的人。在招聘的過程中我們可以選擇那些樂觀、積極的員工，這個通常可以從對方的表情看出來。

　　好的店面隊伍規劃是對連鎖店面人才配備的第一步，有效的人員招聘將為連鎖店面的開店儲備充足的人力資源。但要想讓這些新進人員能在新店開店時合格上崗，連鎖企業還要做的一件事情就是要組織這些新進人員進行崗前培訓。

　　新店配置人員的組織架構，以美髮連鎖店而言，包括店長、見

習店長、髮型師、助理、前台收銀、保潔。

## 1. 員工職責範圍的劃定

圖 9-2-1　員工職責範圍的劃定

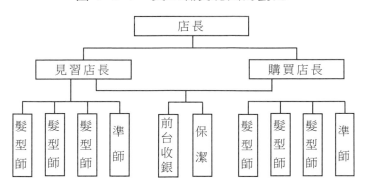

(1)店長：負責全面的經營管理工作，監督和指導美髮師為顧客提供專業服務，負責為顧客提供美髮服務；

(2)見習店長：協助店長的經營管理工作，負責為顧客提供美髮服務；

(3)美髮師：負責為顧客提供美髮服務的專業人員：

(4)準師：為顧客提供洗頭、染髮、燙髮服務的專業人員，並協助髮型師完成顧客美髮服務；

(5)前台收銀：負責收款，接待顧客及諮詢、預約、開票等協調工作：

(6)保潔員：包括負責清潔衛生、消毒等工作；

在門店工作中，店長和見習店長首先就應該是一個優秀的髮型師，在美髮技術和顧客服務上能給店員提供更多的指導和培訓。

## 2. 屈臣氏連鎖店的工作人員職責

### 圖 9-2-2　屈臣氏店鋪管理流程與執行標準

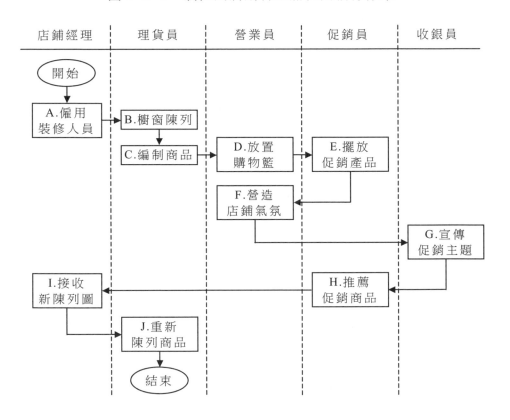

# 第三節　開店進度計劃部門工作流程

　　大賣場為了迎接春節前的旺季，計劃 10 月 28 日開業，從組織結構來看，該大賣場組織結構齊全，包括總經理辦公室、總務行政部、人力資源部、財務部、採購部、電腦部、企劃部(促銷)、營運部、食品部(包括生鮮)、非食品部(百貨)、團購部、收貨部、客服部、防損部。新店開業籌備工作如下列：

## 一、總經理辦公室、總務行政部工作內容

- · 工程許可證、營業執照、衛生許可證、稅務登記證、煙酒專賣執照、藥品專賣執照、食品加工衛生防疫站許可證、消防許可證等的辦理
- · 公司組織架構及職務計劃表的制定
- · 營運計劃及目標方針政策的制定
- · 工作進度日期決定
- · 各幹部的條件推薦與選擇
- · 人員接收，定崗定位
- · 負責建立物品領用記錄
- · 崗位職責及業務技能的培訓
- · 負責管理員工伙食及飲水
- · 物品的採買、倉庫及配發

- 辦公用品的採購及庫管工作
- 有關印章辦理等
- 廠商聯誼會的協助
- 員工意見箱的製作
- 員工工作服定制
- 保潔公司的確定
- 防鼠、防蟲、防災害的確定及管理
- 員工醫藥箱的建立及管理
- 紙皮收取供應商的確定
- 員工食堂殘渣物收取商的確定
- 負責登錄各項接收工作
- 跟進設施設備到位情況
- 二次裝修人員等店外人員的管理
- 協助各項驗收工作
- 員工餐廳及人員就餐
- 辦公室、更衣室及保潔工作
- 負責員工洗手間的管理
- 辦公區域整理，大掃除
- 賣場情況熟悉
- 派進工程進展情況
- 成立各部門開業協調小組，由政府牽頭
- 開業前與市、區、街道、城管、交通、消防、公安等一系列
  政府職能部門溝通、協調及開業當天天氣變化和應急計劃等
- 開業典禮的來賓接待方案及工作

‧ 開業禮品的準備及發放
‧ 開業典禮的協助

## 二、工程及設施方面

‧ 建築設計與施工完畢
‧ 門前地坪的完備
‧ 門臉招牌及場外附屬設施的完工
‧ 水電安裝到位
‧ 收貨部建設及交付使用
‧ 停車場、辦公區、倉庫、金庫、洗手間、食堂、宿舍等施工
  完畢並交付使用
‧ 冷氣機、消防設施等安裝完畢並交付使用
‧ 部份二次裝修設計及施工
‧ 部份燈箱位的設計及施工
‧ 聯營廠商的工程洽談及設計施工
‧ 發電設備及備用照明
‧ 24 小時維修人員配備
‧ 監控設備到位（監控室、探頭的佈局）
‧ 電腦設備、收銀設備及電腦房的網路安裝、調試
‧ 辦公電腦的安裝、調試
‧ 收貨設備安裝、調試到位
‧ 防盜設備安裝、調試
‧ 生鮮設備到位

- 貨架及配件安裝
- 辦公設備 (桌椅、冷暖、通風)
- 電子存包設備到位
- 臨時應急存包設備到位
- 購物車、購物籃到位
- 員工打卡設備到位
- 員工更衣櫃到位
- 播音設備到位
- 防火門、安全門、消防栓、消防器材等設備到位
- 員工飲水設備到位
- 保安裝備 (警具、用具等)
- 傳真設備到位
- 內外線電話
- 複印、打字等辦公設備
- 賣場公用電話
- 對講機設備
- 企劃刻字設備

# 三、營運部工作內容

- 人員接收，定崗定位，組織架構
- 管理人員培訓
- 會員招募
- 繪製貨架陳列配置圖

- 賣場情況熟悉
- 店面實習
- 貨架、收銀台、道具、設備
- 發會員卡
- 大掃除
- 開業促銷計劃佈置
- 大進貨
- 補充貨架、商品上架、陳列、堆碼、核價、條碼檢索
- 陳列的局部調整
- 大進貨調整、補貨
- 庫存區的規定及整理
- 商品試掃
- 賣場大檢查、準備開業

## 四、客服部工作內容

- 人員接收，定崗定位
- 崗位職責及業務培訓實習
- 賣場情況熟悉
- 總服務台的設立
- 手推車存放區的設定
- 購物袋發放的規定及管理
- 招募工作進行及核查總結
- 會員資訊錄入及核查

- 贈品發放處的設置
- 退/換貨處的設置
- 臨時應急存包櫃的設置及管理
- 辦公條件具備及人員進駐
- 物品領用
- 標示各項標識及須知等
- 建立顧客意見簿，投訴記錄，建立圓桌會議提案(投訴顧客懇談會)
- 電子存包櫃的到位及試運行檢查
- 促銷資訊熟悉
- 會員卡發放
- 快訊發放
- 贈品收貨及管理
- 區域衛生
- 試賣或演練

## 五、採購部工作內容

- 人員
  - ①人員組織架構
  - ②培訓
- 商品及商圈市調
  - ①商品結構、商圈、價格、供應商的調查
  - ②商品定位、商品組織表、商品品項數

③年度目標訂立及採購目標細分

· 製作招商資料、採購部作業表格

· 招商廣告發佈

· 與財務溝通開業資金使用計劃

· 聯絡供應商

　①進貨廠商的約談和簽約並發放招商大會邀請卡、邀請函

　②該市招商大會安排

· 召開招商大會

· 商品組織計劃表確認

· 第三次供應商談判，簽訂合同

· 供應商資料及商品資料錄入

· 商品陳列配置圖

· 確定修正前三期 DM 及特賣(特價)商品

· 制定開業前廠商貨款結算額度

· 開業促銷計劃(活動)

· 確定商品品項，並提交營運部，與營運部討論陳列

· 確定進貨日程表

· 下訂單

· 開業大進貨

· 跟蹤補貨，補下訂單

· 開業前商品試掃描

· 開業前商品大檢查、陳列檢查

· 開業前商品盤點

· 試營業

· 開業

## 六、採購部需與樓面協調部份

· 採購員工作定位表及聯絡方式
· 定期組織協調會
· 廠商資料建檔傳送樓面
· 廠商人員的派駐審批及進場計劃
· 場外促銷區域規劃
· 促銷用具、用品需求報告
· 確定進貨數量及到貨時間
· 陳列檢查,商品檢查
· 商品市調情況回饋
· 商品准銷證、合格證及交接
· 大進貨工作協調
· 商品品質及價格的抽查
· 試營業工作協調
· 正式營業的緊急訂貨,調撥指令

## 七、人力資源部工作內容

· 確定薪資結構及指標
· 新店人事架構的確定
· 人力資源配備,人事檔案建立

- 明確員工加班獎勵政策
- 初步建立星級店員評定體系
- 新員工培訓工作組織
- 新員工甄別及淘汰
- 各部門文字人員提前備選，培訓
- 各項人事規章制度建立流程制定
- 儲備幹部的定崗與競聘
- 人員政審
- 辦理員工健康證
- 簽訂新員工試用期合同
- 新員工交接
- 新員工分配及定崗
- 促銷員建檔、培訓管理，進退場的流程
- 分發《員工手冊》
- 廠商駐場人員的審核

# 八、收貨部工作內容

- 收貨標準制定、公告
- 人員接受，定崗定位
- 崗位職責及業務技能培訓、實習
- 臨時搬運人員的管理措施
- 驗貨單上雙人點驗制度建立
- 建立收貨資料檔案系統

- 收貨熟手的借調需求及管理
- 辦公條件具備及人員進駐
- 收貨設施,設備接受及交接
- 收貨碼頭的設定
- 物品領用
- 收貨進出口的路線設定
- 停車位的指定
- 設定棧板存放處
- 標示出各口標識及須知
- 設備檢查,計量檢查
- 倉庫、中轉倉的設定及使用規劃
- 倉庫貨架的到位
- 紙皮存放處的設定及管理
- 收貨裝備(叉車等)的指定區域及管理
- 收貨備用金的領用及管理
- 大進貨演習
- 熟悉每日進貨安排表
- 賣場情況熟悉
- 商品熟悉
- 大進貨進行

## 九、電腦部工作內容

- 電腦系統建立及調試

- 收銀系統調試
- 各部門電腦調試
- 電腦知識培訓
- 電腦器材維護
- 收貨錄入系統調試
- 各類電腦報表提供
- 各類電腦資訊查詢
- 會員資訊錄入培訓
- 收銀員上機操作後培訓
- 電腦部新員工接收及熟手調配
- 電腦部新員工熟悉商品
- 電腦部新員工熟悉賣場商品佈局
- 電腦部新員工掌握盤點流程並進行試盤點測試
- 辦公電話線路安裝調試

## 十、財務部工作內容

- 辦理驗資手續，申請執照
- 銀行開戶
- 辦理稅務登記
- 辦理購買/印製發票手續
- 編寫財務制度
- 協助資訊完善財務流程
- 會計電算化初始化

- 駐店財務人員的人員配備
- 專業人員技能培訓
- 店面費用支出的報銷及管理
- 支持相關工作的資金到位
- 員工薪資卡製作歸檔
- 費用預算審批情況
- 信用卡結算系統的建立
- 金庫設置運作流程
- 總收工作流程及安防方案
- 備用金的配備及應急方案
- 財務軟體系統的培訓、熟悉
- 電腦系統的培訓、熟悉
- 收銀員財務知識培訓
- 店面相關單據傳遞人員、時間、程序要求

## 十一、企劃部工作內容

- 企劃人員到位及技能培訓
- 企劃用具、用品領用
- 企業文化展示製作安排
- 招商會、開業典禮等活動的組織參與及記錄
- 辦公區、生活區美化
- 賣場佈置方案的預算、報批
- 快訊製作

- 各種標示牌的設計及製作（確定懸掛預留圖）
- 標識、標物設計製作
- 視覺形象廣告的設計及製作
- 各種廣告設施的定價
- 媒體（報刊雜誌、廣播電視等）廣告預算、報批
- 開業典禮方案
- 各項促銷活動的組織參與

## 十二、防損部工作內容

- 採購稽核組人員，管理人員到位
- 採購稽核組人員，參加採購培訓
- 採購稽核組人員參加採購部工作，並開展稽核市調
- 參加招募
- 各檢查制度的建立
- 消防檢查體系的建立
- 防損檢查體系的建立
- 人員接收，定崗定位
- 物品領用
- 交通狀況維護
- 通信聯絡方式的明確
- 夜保、巡場路線、時間、人員等設定
- 罰沒款體系的建立
- 崗位職責、業務技能培訓、政審

- 防損檔案的建立
- 營業款傳送流程
- 警示牌的檢查
- 賣場情況熟悉
- 辦公條件具備及人員進駐
- 監控設備接受及使用
- 廣播內容的監控
- 停車場的管理
- 檢查制度的執行
- 防盜條碼的領用及防盜標籤投放量的設定安置
- 大進貨演習
- 開業典禮安防方案
- 大進貨安防計劃實施
- 防盜條碼投放(防損組)
- 消防、交通、公安等部門適時聯絡,開業禮品或招待人數報告
- 開業警衛方案,消防方案講解
- 開業前警衛方案演習
- 開業前消防方案演習
- 試營業安防方案實施
- 開業典禮
- 整理散落購物車

## 十三、商品管理部工作內容

· 人員招募
· 人員接收及定崗定位
· 崗位職責及業務技能培訓、實習
· 賣場情況熟悉
· 培訓商品的陳列，店內佈局，商用設備知識
· 培訓銷售管理、價格管理，培訓員工陳列
· 培訓庫存管理，採購溝通確定堆位品項
· 熟悉收貨碼頭進出管理規定
· 熟悉倉庫佈局及相關管理規定
· 服裝貨架、試衣間等特殊道具的提報
· 確定店內標識
· 商品明細表介紹
· 貨架編號張貼陳列圖，採購單品表完成交於樓面
· 辦公條件具備及進駐，物品領用
· 第一期 DM 商品設計陳列提報
· 建議進貨量
· 解釋相關工具的使用，清潔貨架、準備大進貨
· 熟悉進貨日程表
· 賣場貨架全部安裝完畢
· 熟悉廠商合作合同（瞭解破損退貨率及最小訂貨量）
· 員工動員大會

- 大進貨,做排面寬度、高度試驗,陳列商品
- 調試、檢查、價簽全部完成標示系統,第一次掃描,做好開業後員工排班表
- 補充訂單及上 POS 機第二次掃描,商品陳列及促銷全部確定,完成開業前工作檢查表
- 第三次掃描,更換所有錯誤的價格牌
- 建立暫存區及價碼查詢處
- 品質、價格檢查
- 建立家電類的三級賬
- 建立庫存單管理體系
- 商品衛生檢查
- 商品陳列檢查
- 盤點工作進行
- 試營業
- 採購與樓面協調工作
- 加強服務意識培訓

## 十四、食品部(包括生鮮)工作

- 人員招募
- 人員接收及定崗定位
- 崗位職責及業務技能培訓實習
- 賣場情況熟悉
- 制定崗位職責及工作流程
- 辦公條件具備及進駐
- 生鮮耗材計劃提報
- 與採購部溝通商品陳列,跟蹤冷庫及陳列櫃的安裝

- 商品明細表的介紹
- 繪製貨架陳列配置圖
- 建議進貨量
- 區域責任指示牌的確定
- 領用物品
- 熟悉廠商合作合同（破損退貨率，最小訂貨量）
- 跟蹤工程部自製設備及排水給電工程完畢，行政部自用工具到位
- 第一期 DM 商品陳列設計提報
- 生鮮衛檢培訓
- 不銹鋼商用設備全部到位
- 商用設備理論培訓，耗材到位
- 商用設備全部到位，熟食配方確定
- 冷庫安裝完畢，商用設備全部安裝完畢
- PLU 碼的確定，電子秤的使用培訓，最後確定商品陳列
- 大進貨排班表，以及相關工具的準備清潔衛生
- 設備安裝調試，部門設備放置確定
- 員工動員大會
- 熟悉進貨日程表
- 大進貨
- 試作（熟食、鮮肉、蔬果）進行開業演習，完成開業前工作檢查表
- 大掃除，檢查各項工作準備情況
- 試營業

# 第四節 （案例）美髮連鎖店介紹

店鋪開張是一件大事，同時也是一項繁瑣、複雜的活動。開業準備中任何一個小的失誤和疏忽，都可能直接影響開業的順利進行。為了順利開張，並取得良好效果，店面裝修通常應在開業一週前完畢，以便於進行一些局部調整和店鋪道具的佈置等。

## 1. 設備儀器到位

美髮店的一些美髮儀器、辦公設備、電器等必須在開業前採購到位，還應當調試好，店內員工應做到操作熟練。

(1)美髮設備的配備

①美髮椅：因其置於美髮廳的顯著位置，且使用頻繁，故在選購時，首先要注意外觀與廳內整體裝飾是否協調一致，其次是看其使用是否方便，是否結實耐用。相對於其他設備的檔次來講，美髮椅應選用品質較好的。造型上，男式美髮椅較寬大，女式美髮椅較小巧，結構基本相同。美髮椅可分為電動升降式、油壓升降式和人工升降式三種。

②美髮鏡台：美髮鏡台可分為單純式美髮鏡台和帶洗頭設備的多功能美髮鏡台。男式美髮椅可配置多功能式美髮鏡台；女式美髮椅可配置單純式美髮鏡台。

③洗頭設備：洗頭設備分為坐式洗頭用的洗頭盆和仰式洗頭用的洗頭盆連椅組合。洗頭盆需配置上、下冷熱水道及噴頭。

⑵美髮店的常用電器設備

美髮店常用電器有電視機、組合音響、飲水機、冷氣機等。

## 2.員工到位

開業之前，所有的招聘、培訓工作應當完畢，各個員工都應明白自己的工作內容、標準和技巧等，同時也要熟悉自己的工作環境。

## 3.產品、用品到位

開業時通常會有較多的顧客進店流覽，如果店內擺放的產品、用品不理想，除了直接影響經營業績之外，還會給顧客留下不好的第一印象，這是美容美髮店的重大損失。因此，美容美髮店應重視初期的產品採購，籌集到適合自己的產品。這些產品應當在開業前兩天準備好，以便進行櫃台擺放等工作。

## 4.新店開業宣傳用品

⑴店內指示標誌

- 停車場路標、引路牌；　　　　・收銀指示牌；
- 廁所指向、出入口標誌及衛生敬語；
- 員工專用通道指示牌；　　　　・贈品發放區指示牌；
- 店外宣傳用品；　　　　　　　・新店開業宣傳用品清單。

## 5.清潔、產品價目、開業促銷等準備工作就緒

正式營業之前還有許多細緻的工作必須完成，包括店鋪的清潔、產品價格標籤、開業促銷現場的佈置等。

開業時的店面裝飾很重要，好的裝飾不但可以烘托氣氛，還可以有一定的宣傳作用。店面要注意以下幾點修飾：

⑴店面海報要引人注目，突出店中的特色產品優惠活動。

⑵擺放花籃、拱門、氣球，數量不宜太少。

⑶店內播放的音樂要喜慶而不失格調。

## 6.開業的法律手續完備

開業之前，所有的法律手續都必須完備，做到合法營業。

## 7.店面人員交流內容

團隊成員相互熟悉和初步瞭解，特別是店長應對店長助理及其他成員的個人資料、性格、特長以及其他相關情況進行初步的瞭解和掌握。

在確定新店員工名單後，及時瞭解掌握員工的基本資料、性格特點等；管理者自身情緒的調節，保持最佳精神面貌。

## 8.開店前一日準備工作內容

召開全員工作和動員大會，安排開業第一天的現場人員安排和佈置，強調服務禮儀禮節以及介紹活動細節等注意事項，並再次說明理念行銷和情感行銷對於新店開業的重要性，同時要注意做好開業前的激勵工作。最後安排人員儘早休息，以保持第二天的精神面貌及體力。

⑴燈具、冷氣機、電視、DVD、功放、音箱等所有電器全部打開測試 4～5 小時；

⑵對所有的美髮設備都檢查一遍，確保正常使用；

⑶電腦作業系統與網路測試，印表機列印銷售小票和其他單據是否正常，電話是否能正常使用；

⑷POP 牌是否已經全部粘牢；

⑸表格、禮品、宣傳資料等各項開業活動物品是否全部發到位。

圖 9-4-1 開店作業流程

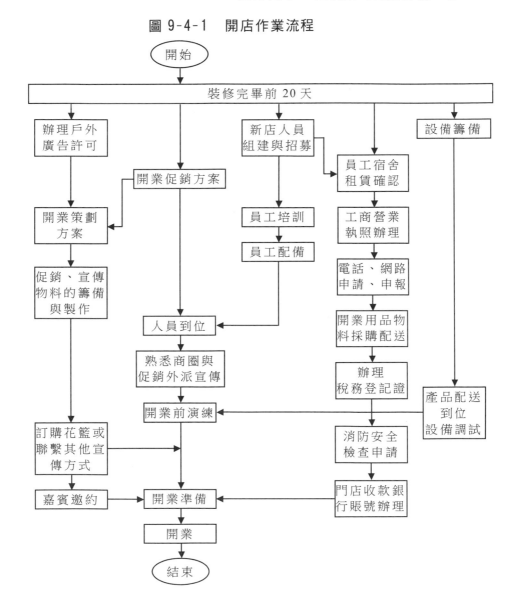

# 第 *10* 章

# 連鎖商店的裝修作業

## 第一節　商店裝修的現場測量要求

　　商店設計現場測量要求及規範尺度測量的準確程度直接關係到圖紙交付後施工的可行性與準確性，順利施工的前提就是測量的高準確度。當然，這種具體的裝修設計通常是邀請第三方裝修公司來實施的，我們只是將一些注意事項與細節羅列出來，供連鎖企業參考。

## 一、確認店面數據資訊

表 10-1-1　確認店面數據資訊

| 照片類型 | 照片要求 |
|---|---|
| 店面照片 | 正面照片、門頭招牌照片、門面櫥窗照片等 |
| 店內照片 | 天花板、牆壁、地面等 |
| 特殊位置照片 | 柱、台階等 |
| 所在商城 | 市場照片 |

　　由專員協同店主對需裝修店面進行數據測量，獲得店面結構圖、建築圖紙、平面圖和電路圖等相關數據並取得相關圖紙，務求數據準確。

　　測量數據包括：店鋪面積，店鋪高度，柱或隔牆的長、寬、高，台階高度與階數。調查門店的基礎裝修情況：

　　調查門店的地板、天花、牆體、管道等損壞程度及是否可再用等；

　　調查門店的電路編排、功率、照明情況和電話線、網線、冷氣機的安裝情況；

　　調查門店排水管道、消防設施、防盜設施情況；

　　搜集或繪製所在商城平面圖和店面位置平面圖，店面照片、數據、圖紙確認無誤後，提交給企劃部。

## 二、測量內容

測量就是到現場勘查情況，測量尺寸，但每家店的製作尺寸都不相同，需要細心測量，每種展示形式的測量方式也不相同。建店前主要是對賣場及門店外觀的測量，並預算報價。需要注意的是，一定要注意門頭等宣傳位的尺寸。

‧ 位置：建築開間、柱梁位置、門窗位置、配套設施位置。
‧ 尺寸：距離尺寸、建築件尺寸。

## 三、測量步驟

(1)完整繪畫建築開間草圖，對結構環境每一個細部都要有詳細標註，對空間中的某些細部可作詳圖解說，例如配電箱體、入戶門方向、窗位、煤氣管位、主進水管位、洗手間及廚房等上部管位分佈及其相關聯的所有配套設施尺寸。

(2)完成測量後，務必花點時間重新核對是否測量完整，免得後期發現誤差與遺漏，造成複量的麻煩。

(3)對建築其他資料進行文字記錄及現場拍攝，包括建築現狀、建築缺陷、外部景觀、業主現場要求及提示等。

(4)測量過程因影響現場的尺度動作而變動的物件要請示業主是否恢復，勘察工作完成後注意關好門窗及電閘，整個測量過程要注意安全。

## 四、圖紙設計的種類

　　裝修圖紙看似很簡單，沒什麼太大的技術含量，但是應用到實際施工中，卻不是那麼簡單的。建議企業管理者和其他能看懂圖紙的工人師傅以及常駐工地的設計師一起探討圖紙細節。

表 10-1-2　裝修圖紙規範表

| 圖紙類型 | 規範要求 |
|---|---|
| 平面圖 | 標明各設施、地面、道具的平面尺寸(釐米)、設計意圖，並標明店面位置圖 |
| 多角度視圖 | 需要註明平面尺寸(釐米) |
| 彩色效果圖 | 要求明確、清晰、真實地表現出店鋪的裝修效果 |
| 施工圖 | 包括結構詳圖 |
| 電路圖 | 店面電路佈線圖需註明用電量 |
| 用料樣本 | 需註明產地、品牌 |

# 第二節　選擇裝修商

## 一、裝修商的資格審查方式

　　1. 具備獨立法人資格並具有經年檢合格的建築裝修裝飾工程專業承包三級資質的國內施工企業；

2.經上一年度年檢合格的營業執照正、副本,提供影本要加蓋公章;

3.建設工程施工安全許可證;

4.法定代表人、安全員持有安全生產考核合格證。

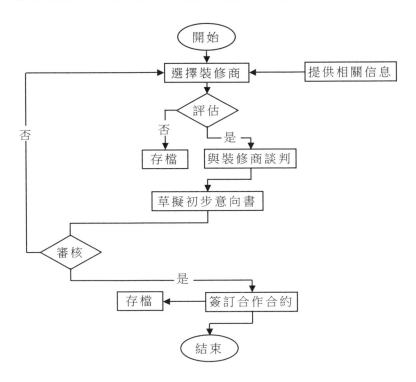

| 工作說明 |
| --- |
| 1. 分公司運營中心準備選擇合作裝修商 |
| 2. 分公司運營中心搜集裝修商資料並進行初選 |
| 3. 裝修商提交相關信息 |
| 4. 分公司運營中心對裝修商進行評估，評估不透過進行存檔 |
| 5. 分公司運營中心與評估透過的裝修商進行談判 |
| 6. 分公司運營中心擬定初步的意向書，並提交總部運營管理部審核 |
| 7. 運營管理部對分公司運營中心提交的意見書進行審核，透過則簽訂合約 |
| 8. 分公司運營中心與裝修商簽訂合作合約 |
| 9. 分公司運營中心將合約及相關資料交由總部運營管理部進行存檔 |
| 10. 完成裝修商選擇，並達成長期合作關係 |

## 二、裝修商的信譽要求

1. 在當地行業內具有一定的知名度；

2. 企業誠實守法經營，沒有不良記錄：

3. 具有可證明企業信譽的財務證明及榮譽證書等。

## 三、選擇裝修商

表 10-2-1　裝修商評估表

| 評估維度 | 很好 | 好 | 普通 | 得分 |
|---|---|---|---|---|
| 資質 20分 | 專業承包一級資質 (20分) | 專業承包二級資質 (15分) | 專業承包三級資質 (10分) | |
| 信譽 10分 | 在全國具有一定知名度(10分) | 在本省具有一定知名度(8分) | 在本市具有一定知名度(6分) | |
| 經驗 10分 | 公司成立5年以上(10分) | 公司成立4年以上(8分) | 公司成立3年以上(6分) | |
| 規模 10分 | 註冊資本超過100萬元(10分) | 註冊資本50萬～100萬元(8分) | 註冊資本低於50萬元(6分) | |
| 人員 20分 | 專職技術骨幹人員不少於15人(20分) | 專職技術骨幹人員不少於10人(15分) | 專職技術骨幹人員不少於6人(10分) | |
| 規範 20分 | 具有非常完整的工程品質文件、價格體系和售後服務體系(20分) | 具有比較完整的工程品質文件、價格體系和售後服務體系(15分) | 具有基本的工程品質文件、價格體系和售後服務體系(10分) | |
| 配合度 10分 | 完全能夠接受公司要求條件(10分) | 基本能夠接受公司要求條件(8分) | 能夠部份接受公司要求條件(6分) | |
| 合計 | | | | |

## 四、裝修商的經驗要求

1. 企業成立三年以上（以營業執照辦理時間為準）；

2. 有相關公司裝修經驗及案例證明；

3. 熟悉店面裝修規範；

4. 有能力承擔公司單店的所有裝修項目（室內、室外、貨櫃製作、設備安裝）。

## 五、裝修商的硬體要求

1. 出具固定經營場所的房產證或租房證明，提供影本要加蓋公章；

2. 具有店面裝修的各項施工設備。

## 六、裝修商的軟體要求

1. 裝修商要有工程品質保證體系：

⑴施工人員的挑選、培訓、使用、管理辦法：

⑵工程管理人員的挑選、培訓、使用、管理辦法；

⑶施工材料的採購、檢驗、使用、管理辦法；

⑷具有一套完整的施工全過程的管理辦法。

2. 要有完整、穩定的價格體系，應配備詳細的不同材料、不同技術的做法說明。

3.要有一套完整的售後服務管理體系。

## 七、裝修商的配合度要求

1.接受公司統一的裝修承包合約。

2.能遵照合約使用公司規定的裝修材料並安裝設備。

3.接受公司對於各項標準裝修項目的標定價格。

# 第三節　裝修後的驗收工作

## 1.項目驗收要求方式

透過對完工的建設項目的全面考核，對設計和施工品質進行最後檢驗。

本規程適用組織設計、施工及相關單位或部門對已完工的項目進行竣工驗收。

各單項驗收和項目綜合竣工驗收由工程籌備組織，工程、監察等部門配合。

對收尾工程項目，工程部應作一次徹底清查，找出遺漏項目和修補工作，並制訂作業計劃和完工日期計劃。

及時督促施工單位整理竣工驗收資料，會同監理單位嚴格審核各項資料是否符合要求。工程竣工資料的內容包括：

‧ 工程項目開工報告；

‧ 工程項目竣工報告；

- 設計變更通知單；
- 工程聯繫單；
- 工程品質事故發生後調查和處理資料；
- 水準點位置、定位測量記錄、沉降及位移觀測記錄；
- 材料、設備、構件的品質合格證明資料；
- 試驗、檢驗報告；
- 基礎工程驗收記錄（包括土建、線路掩埋記錄、各種隱蔽工程施工記錄及測試報告）；
- 結構工程中間驗收記錄；
- 隱蔽工程驗收記錄及施工日記；
- 竣工圖；
- 品質檢驗評定資料；
- 工程竣工驗收及資料。

　　由工程部組織設計單位、施工單位、店長及相關部門對將要竣工的項目進行預驗收，並對施工品質作出初步鑑定，及時發現遺留問題，事先予以返修，不得拖延竣工進程。

　　竣工的項目必須符合政府主管部門批准的設計批復、設計文件、施工圖紙和說明書、設備技術說明書、招標投標文件和工程合約、圖紙會審記錄、設計修改簽證、技術核定單、現行的施工技術驗收標準及規範，以及施工單位提供的有關品質文件和技術資料等。工程項目的規模、技術流程、技術管線、設備，以及土地使用、建築結構、建築面積、品質標準等必須與上述文件合約所規定的內容一致。

## 2.項目驗收標準

土建工程驗收標準:按照設計施工圖紙、技術說明書驗收規範進行驗收,工程品質必須符合各項要求,在工程內容上按規定全部施工完畢,道路及下水道暢通。

安裝工程驗收標準:各道工序必須按照設計要求的施工項目內容、技術品質要求及驗收規範的規定,保質保量地施工完畢。排水道必須做好沖洗、試水並保持暢通,給水管完成清洗試壓等工作,電氣、冷氣、消防、通信、有線電視、監控、可視對講、電子門控等工程項目應全部安裝結束,並符合安裝技術品質要求。

參加工程項目竣工驗收的各方應對竣工的工程進行現場檢查,並逐一檢查工程資料所列內容是否齊備完整。

舉行各方參加的現場驗收會議。

施工單位代表應介紹工程概況和施工情況、自檢情況及竣工情況,出示竣工資料(竣工圖和各項原始資料及記錄)。

項目負責人應通報工程監理中的主要內容,發表竣工驗收意見。

工程部根據在檢查中發現的問題,對施工單位提出限期整改處理的意見。

相關質檢部門會同工程部及總部監管高層討論工程正式驗收是否合格,並宣佈驗收結果。

隱蔽工程驗收應填寫隱蔽工程驗收記錄表,消防工程驗收應填寫消防工程驗收記錄表,裝修工程驗收應填寫裝修工程驗收記錄表。

## 3. 工程驗收作業表

### 表 10-3-1　工程驗收作業表

| 驗收作業執行 _____ 店 | | 開幕日期：　　年　　月　　日 | |
|---|---|---|---|
| 店面地址 | | 完工時間 | |
| 驗收內容 | 要求 | 是否合格 | 備註 |
| 門頭、招牌 | 按照圖紙施工，顏色、字體、燈光符合要求 | | |
| 店內形象、佈局 | 符合圖紙設計要求，區域佈置無誤 | | |
| 形象牆、形象台 | 按照圖紙施工，形象統一 | | |
| 牆面 | 塗料的顏色、材料符合要求，牆面平滑，瓷磚粘貼牢固 | | |
| 地面 | 石材、地磚的顏色、圖案符合要求，鋪貼平整；木制地面表面光滑，無裂痕，木紋清晰 | | |
| 頂棚 | 吊頂平整，材質色澤一致，協調美觀 | | |
| 玻璃 | 安裝平直，不受扭力，打膠均勻美觀，邊沿整齊 | | |
| 門窗 | 開啟方向符合設計要求，型材色澤一致，無變形，開啟靈活，週邊密封良好，間隙均勻 | | |
| 貨櫃 | 符合圖紙設計要求，位置合理，安裝固定 | | |
| 收銀台、工作間 | 有關設施齊全，擺設妥當 | | |
| 衛生潔具 | 安裝位置正確，端正牢固 | | |
| 排水設施 | 排水管道暢通，無滲漏，無積水，各種閥門位置正確，供水管無滲漏，開關閥門、水龍頭運轉良好 | | |
| 電路、開關、插座 | 電路鋪設符合安全標準，三相插座接地線，冷氣機線路專線鋪設，總閘安裝防漏電開關；開關、插座安裝要牢固 | | |
| 燈具、燈光 | 燈具安裝牢固，燈光符合照明要求 | | |
| 消防設施 | 客流的疏散路線設計、滅火器的配給符合要求 | | |
| 整體工程驗收意見： | | | |
| 　　　　　　驗收員簽名：　　　　　日期： | | | |

# 第四節　電器連鎖店的新店裝修流程

### 1. 建店總流程

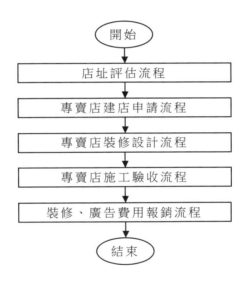

## 2. 店址評估流程

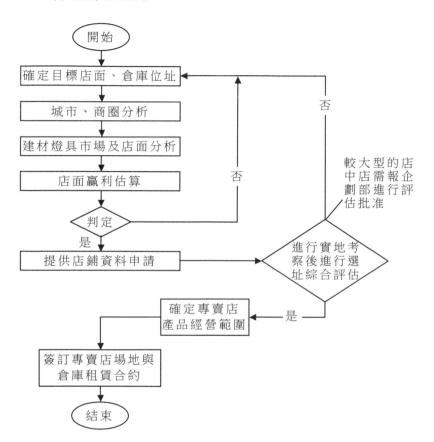

### 3.電器專賣店建店申請流程

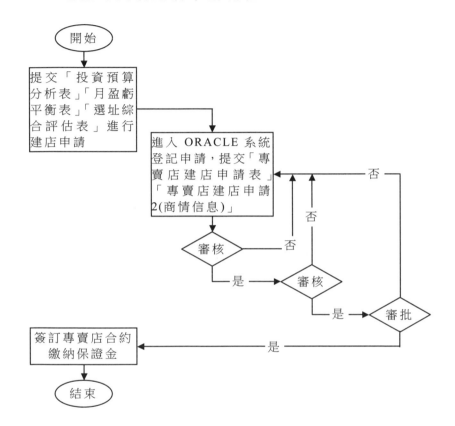

## 4.電器專賣店裝修設計流程

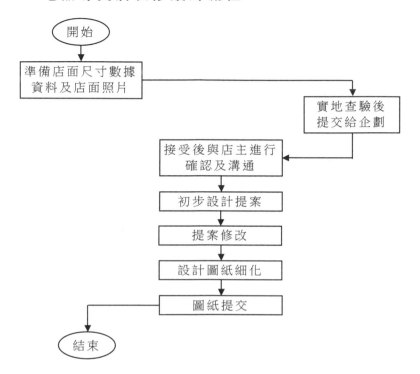

### 5.電器專賣店裝修的廣告費用報銷流程

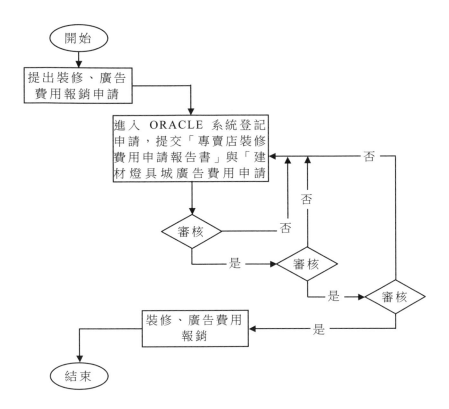

## 6. 裝修施工及驗收流程

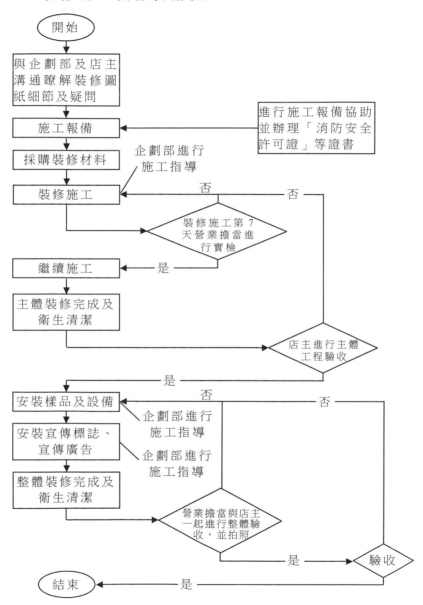

開始

與企劃部及店主溝通瞭解裝修圖紙細節及疑問

施工報備

進行施工報備協助並辦理「消防安全許可證」等證書

採購裝修材料

企劃部進行施工指導

裝修施工

裝修施工第7天營業擔當進行實檢

繼續施工

主體裝修完成及衛生清潔

店主進行主體工程驗收

安裝樣品及設備

企劃部進行施工指導

安裝宣傳標誌、宣傳廣告

企劃部進行施工指導

整體裝修完成及衛生清潔

營業擔當與店主一起進行整體驗收,並拍照

驗收

結束

## 表 10-4-1　裝修工程規範表

| 工程類別 | 規範要求 |
|---|---|
| 裝修<br>整體工程 | 按照當地裝修管理規定實施裝修。提前辦理佔用便道手續；避免擾民，白天與夜間要做好施工安排，合理利用時間，夜間儘量少做或不做響聲施工；原設施拆除時，不應破壞房屋主體及現場內主體設施、設備 |
| 牆面工程 | 基層石子堅實牢固，塗料的品牌、顏色符合要求，在材料選擇上應注意：一是要選擇防水材料；二是要選擇防腐材料。各分店牆面色調應一致。另外，牆面上還應懸掛「服務項目牌」、「會員卡及套餐信息公示牌」及「標準收費牌」 |
| 地面工程 | 石材、地磚的品種、規格、顏色和圖案符合要求，鋪貼平整，夾縫小而均勻；木制地面表面光滑，無裂痕，木紋清晰。營業店面的地板不能太光滑，地板防滑是店內裝修的一個要點。新鋪的地板應考慮排洩水問題，有排水溝的一邊可低一點，以便排水 |
| 頂棚工程 | 吊頂平整、材質色澤一致，協調美觀 |
| 玻璃工程 | 安裝平直，不受扭力，打膠均勻美觀，邊沿整齊 |
| 門窗工程 | 品種、規格、開啟方向應符合設計要求，型材色澤一致，無變形，開啟靈活，間隙均勻 |
| 排水工程 | 汽車美容裝飾工作以清潔為首道工序，所以供水問題是首先要考慮的；店內邊線處應挖有排水溝，以保證店內不積污水；水龍頭安裝的位置應靠牆角，如果店內面積較大，可以在不同的方位多裝1～2個，並要注意操作時的方便。總之要保證排水管道暢通，各種閥門位置正確，便於使用、維修和更換 |
| 電氣工程 | 照明：一般汽車笑容裝飾工廠都使用日光燈，因有時會遇到夜間作業或採光效果較差的情況。因此，在裝修時應考慮光線的充足<br>電插座：供電插座一定要使用品質較好的防水型插座，因為清洗過程中水花會四濺開來，所以這也是基本的安全問題。一般來說，插座離地面的高度以30～50釐米為宜，拋光時電纜及電源可以掛在塑膠推籃上，以便環車四週作業<br>電量：總開關的負載量應考慮照明、拋光機、清洗機等其他電器同時作業的功率。如果有烤漆房的分店，應將烤漆房的用電量也考慮進去現場內原電源線路予以完好保護，並做好絕緣防護處理；配線方式與建築物的使用性質相符；導線安裝過程中做防火處理；特殊部位佈線要有必要的防護辦法；電源線路應以金屬管護套預埋，管內嚴禁打結或留有線材接頭，金屬管固定牢固；開關、插座安裝要牢固，位置正確 |
| 消防工程 | 板材貼敷於牆體前，其背板部份應按標準厚度刷塗防火塗料，接線進出孔應有絕緣防火材料內置其邊緣，其板材正面應以防火板貼面；客流的疏散路線設計、滅火器的配給符合要求 |

## 表 10-4-2　工程管理計劃表

| 序號 | 工程名稱 | | 計劃完成時間 | 實際完成率 | 施工人數 | 進度控制 | | 施工規範描述 | 備註 |
|---|---|---|---|---|---|---|---|---|---|
| | | | | | | 提前 | 退後 | | |
| 1 | 拆除工程 | | | | | | | | |
| 2 | 土建 | 砌牆、粉刷 | | | | | | | |
| | | 卡座墊高、找平 | | | | | | | |
| 3 | 鋼結構施工 | | | | | | | | |
| 4 | 冷氣工程 | 通風系統 | | | | | | | |
| | | 冷氣機設備系統 | | | | | | | |
| | | 配電系統 | | | | | | | |
| 5 | 消防工程 | 通風工程 | | | | | | | |
| | | 噴淋、消火栓 | | | | | | | |
| | | 煙感、配電 | | | | | | | |
| 6 | 裝修施工 | 營業區天花 | | | | | | | |
| | | 營業區地面 | | | | | | | |
| | | 營業區立面 | | | | | | | |
| | | 後勤區天花 | | | | | | | |
| | | 後勤區地面 | | | | | | | |
| | | 後勤區立面 | | | | | | | |
| | | 配套工程、傢俱 | | | | | | | |
| | | LED燈條裝飾 | | | | | | | |
| 7 | 水電 | 給排水 | | | | | | | |
| | | 橋架、配電系統 | | | | | | | |
| | | 弱電系統 | | | | | | | |
| 8 | 廣告 | | | | | | | | |
| 9 | 配套工程 | 燈光音響安裝 | | | | | | | |
| | | 監控設備 | | | | | | | |
| | | 舞台、視頻 | | | | | | | |
| | | 出品、廚具 | | | | | | | |
| 10 | 本週工作總結 | | | | | | | | |
| 11 | 下週工作計劃 | | | | | | | | |

# 第 *11* 章

# 連鎖業的店面設計

## 第一節　連鎖店面的 SI 終端空間識別

　　企業終端形象識別系統的空間識別 SI，即連鎖品牌形象。與由大型企業集團實行品牌戰略在國內引起的 CI、VI 設計熱潮不同，SI 只是針對有連鎖加盟性質的企業而實施的店鋪形象設計與管理系統。

### 一、什麼是空間識別

　　SI(Space Identity)，稱為空間識別，也可以把它當作 VI 的延伸，但主要目的是在「三維空間」，「裝潢規格化」作業。空間識別與傳統裝潢設計最大的不同就是它是系統性設計，而非定點式設計，以適應連鎖發展時會碰到的每個店面尺寸不一的問題。

SI 系統必須與 VI 系統協調呼應，店內裝飾、門頭、主色調都應嚴格延續 VI 系統的規範，這樣才能有效地傳達品牌信息，讓消費者多角度而統一地瞭解品牌，從而推動產品的銷售。如 Logo 的應用，要嚴格執行 VI 規範，門頭和形象牆需要具備統一性和延續性，輔助圖形也要在店內裝飾中滲透應用，等等。

## 二、SI 與 CI

連鎖店的 SI 和一般企業的做法有相當大的差異，最主要的因素就是與目標接觸的場合不同，換句話說，也就是影響形象的媒介來自不同的領域，連鎖店與消費者之間最常發生的接觸就是在門店，不管是進去買東西或者只是在街上看到，從招牌到店內裝潢，都是直接累積印象的地方，所以說透過創造視覺的個性化來加深人們的印象，是非常重要的競爭武器。

透過適當的系統性 SI 規劃，連鎖店將會有下列令人驚訝的成果。

### 1. 統一形象

每個地點的店面尺寸大小都不相同，透過 SI 規劃能夠統一整體的形象，不會因位置的不同而產生差異化。

### 2. 塑造個性化

透過專業的 SI 設計，可塑造店面獨特的風格，較不易為他人所模仿。

### 3. 節省費用

系統設計及施工能夠有效地降低施工費用約 30%。

### 4. 縮短工時

平均可縮減 40%～50%的施工時間，相對減少房租的負擔及增加營業的天數。

### 5. 有利於快速開店

施工單位在 SI 手冊上就可以找到幾乎所有的施工條件，立刻可以動工裝修。

### 6. 便於管理

沒有規格化的設計，常因個人標準不同而改變了原貌，SI 的規劃解決了這個問題，統一條件使管理更簡易，品質也比較好控制。

### 7. 加盟促進

擁有完整的 SI 規劃，更能促進加盟者的意願與共識。

## 三、賣場的 SI 展示設計

⑴品牌形象專營區氣氛設計定位；

⑵專賣店、邊廳、展示廳裝修標準及照明設計；

⑶專賣店、展示廳外立面設計、店招設計；

⑷主題形象設計，展示道具設計；

⑸商品陳列設計；

⑹店內配套小品、場景設計(POP 架、模特，裝飾物、附配設施選擇)；

⑺專賣店、邊廳、中島區、展廳氣氛設計(面積均在 80 平方米內)。

# 第二節　店面設計類型

　　賣場環境的好壞直接影響到顧客的購買慾望。一個好的賣場環境能吸引源源不斷的顧客，而一個不好的賣場環境卻能使人望而卻步。對於一個零售店來說，如何營造一個好的賣場環境直接影響到其是否能有好的業績，甚至是否能夠持續經營。

　　連鎖店鋪的賣場環境設計不僅直接影響著顧客的購買行為，還影響著連鎖店鋪的銷售業績。一個好的賣場環境設計不僅體現了一定的藝術美，也反映了連鎖店鋪獨特的經營理念與風格，它們屬於連鎖店鋪形象設計中視覺形象範疇，不僅要求方便顧客購物消費，而且要求獨特新穎，在眾多的競爭者中能夠卓然出眾，給消費者留下深刻的印象，使他們產生重覆購買行為。

　　日本銷售專家對具有 5.2 萬名顧客的商圈進行銷售狀況隨機調查，顧客對零售店鋪有關專案的關心程度為：商品容易拿到佔15%；開放式容易進入佔 25%；商品豐富佔 15%；購物環境清潔明亮佔 14%；商品標價清楚佔 13%；服務人員的態度好佔 8%；商品價格便宜佔 5%。

　　其中「開放式容易進入」佔 25%，購物環境清潔明亮佔 14%。而這兩項正是連鎖店鋪賣場設計的具體內容，而賣場設計是連鎖店直接服務顧客的重要內容。

　　連鎖店鋪內不僅有商品、顧客，還有店員，他們也要在店鋪內活動。實際上，店員的重要性，決不在商品和顧客之下（店員也是

店面的一部份)。

　　許多連鎖店商品很豐富,有寬廣的通道,擺設也符合顧客流覽的要求,生意卻冷冷清清。事實上,不同連鎖店顧客與店員之間存在著不同的互動關係。店員在店中的各種行為,大致分為兩大類:一是「令顧客不悅,敬而遠之」,其行為表現為「在店門口站立等客人上門」、「在店中等客人上門」和「過早上前詢問客人」等;二是「將顧客吸引上門選購商品」,其行為表現為「招呼接待顧客」以及「在店中自主性作業」等。那些很受歡迎、生意很好的連鎖店的店員只是一直重覆著「將客人吸引上門選購」的行為,而那些生意很差的店,則始終在「令顧客敬而遠之」的行為模式上打轉。

　　因此,在設計店面時,應該注意到店員的行為。這樣,商店的空間不是分為商品空間和顧客空間,而是將店內的空間分為商品空間、顧客空間、店員空間這三維空間,並以這樣的理念去構架店面的整體設計。如此設計出的店面,應該與理想中的商店相距不遠了。我們將商品空間、店員空間、顧客空間這三維空間進行合理的組合設計,將店面設計分為四大類型。在這四種不同形式的店鋪中,店員和顧客之間各有一定的互動關係。需要注意的是,這裏所說的店員空間和顧客空間不僅僅指店員、顧客實際佔有的具體空間面積,更是指店員、顧客所能自由控制、自由行動的「勢力範圍」。結合利用下面圖解來說明這幾種類型的店鋪。

## 1. 接觸型店面

　　此種店面主要由商品空間和店員空間組成,商品空間迎門而設,沒有顧客空間。其中又可再分為狹窄型店員空間和寬敞型店員空間兩類。

## 2.隱蔽型店面

這種店面是指商品陳設於商店內部，店頭作為顧客空間的形式。和接觸型店面一樣，它的店員空間也可分為狹窄型和寬敞型兩類。

不論是狹窄型還是寬敞型，如果店員站在商品空間或店員空間中筆直不動，等待顧客光臨，或者過早地打擾顧客等，都會令顧客感到壓迫、不舒適，從而影響生意。

不過，相比較之下，店員空間較寬敞者，即便店員引起顧客的不悅，所造成的衝擊尚屬緩和，比起店員空間狹窄者來得有利，店員空間狹窄者，由於店員過於靠近商品，便會妨害顧客上前。這是由於狹窄的店員空間，極易顯示店員的勢力範圍，讓顧客總是覺得在店員的控制之下，易產生不舒服的感覺。因為顧客一般都願意在輕鬆自由的環境下購物。

另外，接觸型和隱蔽型的店面，皆無恰當的死角，店員在店中的一舉一動盡在顧客的眼底。所以店員的作業、舉止必須有明確的規範，否則，店員的舉止不妥，會給商店造成非好即壞的影響。

## 3.隱蔽遊動型店面和綜合型店面

這兩類店面均可再分成有店員空間和沒有店員空間兩類。

店員空間寬敞的接觸型店面，其經營必然獲得改善。因為在這種結構下，店員在寬敞的(店員)空間中行動自如，不論是自主性的作業或是招呼客人等，都可以專心。同時店員的勢力範圍意識也因此而降低，顧客可以很輕鬆地接近商品，自由地參觀選擇。如果這時四週競爭對手的店面仍舊是店員空間狹窄的接觸型，則相比之下，誰更具競爭力便顯而易見了。

在百貨公司經常可以看到許多店員空間狹窄的接觸型賣場，有些能憑著店員精湛的應對技巧，創造出高業績，不過大多數店員總是無法達到所需的技術水準，而公司的經營政策是銷售額愈高的店位就分配愈寬敞的空間，如此良性循環，使銷售更加順暢；反之，業績不好的店位，則空間被削減，更是雪上加霜了。

例如，有兩個大小一樣的賣場，則擁有較寬敞的店員空間者，較具優勢。因它不僅確保店員空間，另外又可以加長商品空間(櫥櫃)的縱深．如店面沒有顧客空間，顧客就必須站在通道上選購商品。在通道上雖然很難拉住顧客，但只要有幾個過客停下腳步的話，馬上就會引起「有樣學樣」的帶動效應，從而提高銷售額。所以，這種類型的賣場，雖無顧客空間，卻不影響其業績。

對一個可讓顧客在其中遊動的店面而言,是否具有「店員空間」非常重要。只要店面不是非常狹小，「店員空間」的存在便有修正或彌補店員舉止的影響力，同時它的存在也明顯地告訴顧客：「除非您有需要來找我們，否則我們絕不會前去打擾您」。

對店員而言，自己的處所空間與工作職責已非常分明，自然就能避免表現出「趕走」顧客的舉動。店員不再瞅住顧客而能專心工作，此舉自能為商店帶來活力，為顧客營造一個氣氛祥和的購物場所，因此更能吸引人流，增加店員的工作量而形成良性循環，使商店愈具魅力。

但類似這種佈局的店面，也常會產生不好的現象。在遊動型部份的商品空間中，本來是該讓顧客隨意選購的，然而店員會不自覺地站到通道上等待顧客，並過早招呼進店來的客人。而寬敞的出入口原本是容易出入的，但是對於那些真正在閒逛的顧客而言，當他

由入口看到各個店員等候顧客蓄勢待發的樣子，就裹足不前了。更有甚者，店員迎頭就接近顧客，往往把顧客嚇得奪門而出；也有的客人買得心不甘情不願，此後便永不再上門了。由於來店的顧客大部份在店頭就被附近的店員趕跑了，所以內部幾乎不可能有顧客。於是形成內部店員無事可做，對於偶爾才來到的顧客，他們也開始急於招呼，甚至也呼喚那些在店中走動的顧客。像這種半「新」半「舊」的店面結構，要更正店員的舉止是非常困難的。

由以上討論可以看出，店面的三度空間設計，不僅要考慮到店鋪的結構問題，更要把顧客購物時的心理狀態運用到店面設計上。因此，此種設計是更為顧客服務，更為顧客著想的設計。如果想要設計出一家生意興隆的商店，在結構上應該根據經銷商品、地點和規模，選擇適合的商店形態。例如商品種類少、地點好、規模小的商店，最適合的結構是「店員空間寬敞的接觸型」。若在狹窄的面積上勉強設計成「隱蔽型」，店員空間就會因狹窄而無從發揮；若商品種類少，卻強行設計成遊動型店面，則店內無法做出充分的遊動通道，終歸要失敗。

# 第三節　店面外觀類型

連鎖業的經營業態和經營方式多種多樣,其店面外觀也不盡相同,一般地,店面外觀有三種類型:

## 1.全封閉型

入口盡可能小一些,面向大街的一面用陳列櫥窗或有色玻璃遮蔽起來。

經營高級照相機、寶石、金銀器等貴重商品的連鎖專賣店,宜採取這種類型。因為到這裏買東西的顧客被限定為一部份人,需要顧客安靜、愉快地選購商品,不能隨隨便便地把顧客引進店內,所以不需要從外面看到店內。

## 2.全開放型

這是把商店的前面,即面向馬路一邊全開放的類型。

適合於出售食品、水果、日用雜品等的日用品商店、超級市場。購買這類商品的顧客並不關心陳列櫥窗,而希望直接見到商品和價格,所以不必設置陳列櫥窗,而多設開放入口,使顧客可以自由地出入商店,沒有任何障礙。前面的陳列櫃檯也要做得低一些,使顧客從街上很容易看到商店內部和商品。

## 3.半開放型

入口稍微小些,從大街上一眼就能看清商店內部,透過櫥窗配置,使櫥窗對顧客具有吸引力、盡可能無阻礙地把顧客誘導到店內。

在經營化妝品、服裝、裝飾品等商品的百貨商店,採用這種類

型比較合適。購買這類商品的顧客預先都有購買商品的計劃。在這個範圍內，目標是買與自己的興趣和愛好一致的商品，突然跑進特定商店的例子是很少的。一般是顧客從外邊看到櫥窗，對商店經營的商品發生了興趣，才進入店內，因而開放度不要求很高，顧客在店內可以安靜地挑選商品。

# 第四節　賣場設計的原則

連鎖業的賣場是消費者用「貨幣選票」表現其偏好的舞臺，這個舞臺應該能夠使消費者舒適地購物，並產生一定的店堂忠誠感，進而產生重覆購買行為，為連鎖業帶來豐厚的利潤回報。

日本零售專家就這一問題對一個具有 5.2 萬名顧客的商圈進行了隨機調查，並發放了 2000 份調查問卷，在回收的 1600 份有效問卷中，顧客對零售企業有關項目的關心程度為：

商品容易拿到佔　　　　　15%

開放式，容易進入佔　　　25%

商品豐富佔　　　　　　　15%

購物環境清潔明亮佔　　　14%

商品標價清楚佔　　　　　13%

服務人員的態度佔　　　　8%

商品價格便宜佔　　　　　5%

其中「開放式，容易進入」、「購物環境清潔明亮」這兩項是連鎖業賣場設計的主要內容。

合理地設計連鎖業賣場環境，對顧客、對企業自身都是十分重要的。它不僅有利於提高企業的營業效率和營業設施的使用率，還有利於為顧客提供舒適的購物環境，滿足顧客物質和精神上的需求，使顧客樂於光顧本店購物、消費，從而達到提高企業經濟與社會效益的目的‧在設計賣場環境時，應遵循以下原則：

### 1. 便利顧客，服務大眾

賣場環境的設計必須堅持以顧客為中心的服務宗旨，滿足顧客的多方面要求。今天的顧客已不再把「逛商場」看作是一種純粹的購買活動，而是把它作為一種集購物、休閒，娛樂及社交為一體的綜合性活動。因此，賣場不僅要擁有充足的商品，還要創造出一種適宜的購物環境，使顧客享受最完美的服務。

### 2. 突出特色，善於經營

賣場環境的設計應依照經營商品的範圍和類別以及目標顧客的習慣和特點來確定，以別具一格的經營特色，將目標顧客牢牢地吸引到賣場裏來。使顧客一看外觀，就駐足觀望，並產生進店購物的願望；一進店內，就產生強烈的購買慾望和新奇感受。例如，日本品川區的 T 茶葉‧海苔店在店前設置了一個高約 1 米的偶像，其造型與該店老闆一模一樣，只是進行了漫畫式的誇張，它每天站在門口笑容可掬地迎來送往，一時間顧客紛至遝來，喜盈店門。

### 3. 提高效率，增長效益

賣場環境設計要科學，要能夠合理組織商品經營管理工作，使進、存、運、銷各個環：竹緊密配合，使每位工作人員能夠充分發揮自己的潛能，節約勞動時間，降低勞動成本，提高工作效率，從而增加企業的經濟效益和社會效益。

# 四、店內面積分配

　　商店場地面積可分為營業面積、倉庫面積和附屬面積三部份。各部份面積劃分的比例應考慮商店的經營規模、顧客流量、經營商品品種和經營範圍等因素。合理分配商店的這三部份面積，保證商店經營的順利進行對各零售企業來說是至關重要的。

　　根據上述細分，一般說來，營業面積應佔主要比例，大型商場的營業面積佔總面積的 60%～70%，實行開架銷售的商店比例更高，倉庫面積和附屬面積各佔 15%～20%左右。

### 表 11-4-1　商店面積細分

| 總面積 | 營業面積 | 陳列、銷售商品面積顧客佔用面積（包括顧客用餐廳、茶室、更衣室、服務設施、樓梯、電梯、衛生間面積等） |
|---|---|---|
| | 附屬面積 | 辦公室、休息室、更衣室、存車處、飯廳、浴室、樓梯、電梯、安全設施佔用面積 |
| | 倉庫面積 | 店內倉庫面積<br>店內散倉面積<br>店內銷售準備場所面積 |

　　在安排營業面積時，既要保證商品陳列銷售的需要，提高營業面積的利用率，又要為顧客流覽購物提供便利。有些商店在營業場所中設置顧客休息場所和一定的自然空間，備有臺階或座椅供顧客使用，深受消費者的歡迎。

　　由於大型商場樓層高、面積大、客流多，顧客在購物時極易產

生生理和心理上的疲勞，十分需要有一定的休息場所來緩解疲乏，稍事休息，繼續流覽購物，實現在「同一屋頂下完成購買」的心願。有些商店還借助於室內造園的手法，在一樓大廳佈置奇山異石、移種花草樹木、引進噴泉流水，滿足人們回歸自然的心理需求，同時，也引得一些顧客欣然留影紀念。

近年來，一些商店的經營者本著為消費者服務的宗旨，還特意為兒童設立了遊戲的場所，並配有玩具和各種遊戲設施，派專人看護，方便帶小孩的顧客購物，雖佔用了一些營業面積，但也帶來了不可低估的社會效益。

## 五、店內貨位佈局

商業競爭日趨激烈，商店銷售情況的好壞，在一定程度上依賴於顧客的量，商店的貨位佈局已不單純是商品貨架、櫃檯的組合形式，它還承擔著重要的促銷宣傳的作用。合理獨到的貨位佈局，能夠吸引更多的顧客前來購物，並能誘導他們增加購買數量，提高顧客對商店的認同感。

(1)交易次數頻繁、挑選性不強、色彩造型豔麗美觀的商品，適宜設在出入口處。如化妝品、日用品等商品放在出入口，使顧客進門便能購買。某些特色商品佈置在入口處，也能起到吸引顧客、擴大銷售的作用。

(2)貴重商品、技術構造複雜的商品，以及交易次數少、選擇性強的商品，適宜設置在多層建築的高層或單層建築的深處。

(3)關聯商品可鄰近擺佈，相互銜接，可以充分便利選購，促進

連帶銷售。如將婦女用品和兒童用品鄰近擺放，將西服與領帶鄰近擺放。

(4)按照商品性能和特點來設置貨位，如把互有影響的商品分開擺放，將異味商品、食品、試音試像商品單獨隔離成相對封閉的售貨單元，有效減少營業廳內的噪音，集中顧客的注意力。

(5)將衝動性購買的商品擺放在明顯部位以吸引顧客，或在收款台附近擺放些小商品或時令商品，顧客在等待結算時可隨機購買一二件。

(6)可將客流量大的商品部、組與客流量較少的商品部、組相鄰擺放，藉以緩解客流量過於集中，並可誘發顧客對後者的連帶流覽，增加購買機會。

(7)按照顧客的行走規律擺放貨位。中國消費者行走習慣於逆時針方向，即進商店後，自右方向左觀看流覽，可將連帶商品順序排列，以方便顧客購買。

(8)選擇貨位還應考慮是否方便搬運卸貨，如體積笨重、銷售量大、續貨頻繁的商品應儘量設置在儲存場所附近。

# 第五節　連鎖店外觀的設計原則

## 一、連鎖店店面設計原則

所謂店面，廣義上是指商店的迎街面，通常又稱為門面。對於大多數零售店來說，門面又是計量商店大小的單位，有一定的長度和跨度。狹義的店面是指商店的正面入口處，顧客進入商店的主要通道。對於大百貨店來說，入口處往往不止一個，有的並排好幾個門，有的幾個方向都有入口，但所有的入口都有迎街的特點。如何吸引購買者及過路人的注意，就成了店面設計的主要目標。

商店外部設計主要是針對店鋪或賣場本身所有的實體外觀，包括店名、店門、店標、招牌、櫥窗和外部環境等要素。招牌主要是針對店名、店標設計的表現，世界上最為知名的品牌就是麥當勞招牌；店門關係到顧客的入口，是引導顧客出入商店的重要連介面；櫥窗是以商品為主體，以裝飾畫面及佈景道具為陪襯背景，在特定的空間裏巧妙運用商品、道具、燈光、色彩、文字說明、畫面等介紹宣傳商品的綜合陳列舞臺。

### 圖 11-5-1　商店外部設計因素

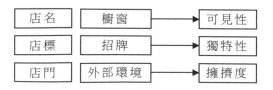

可見性是透過外觀特徵的組合獲得的，其目標是使商店外表突出，能吸引顧客的注意力；獨特性是指外觀與眾不同的引入注目之處；擁擠度主要是對外部環境配置的體現，合理地設計週圍地區、停車設施等因素，會影響到顧客進出商店的擁擠度，尤其是透過汽車交通工具購物的情況。

沒有統一的形象，就沒有連鎖經營。整體協調、統一的購物環境對塑造企業形象非常重要。

連鎖商店的設計就是要用統一的設計思想、設計標準對企業內外的標誌、商標、裝飾圖案、佈局進行精心設計。分佈在各地的連鎖賣場都必須運用統一的識別系統，只有這樣，連鎖商店才真正「連」起來，只有這樣才可能形成競爭優勢。

根據本店經營的範圍、檔次，光顧本店的顧客的類型和特點，充分體現本店的經營特色，使顧客一看到企業的外觀，就能產生較深刻的印象和進店的慾望；顧客一進店，就能感覺到特有的氣氛和產生購買慾望。因此，連鎖商店的設計必須著眼於增強對顧客的吸引力，突出本店特色，使自己與眾多競爭對手有較大區別。

一個商店外觀造型的特色，最好是能圍繞商店所經營的主要商品，或者是針對商品的行銷特色去展開設計和構想，主要原則就是要使顧客從商店的外觀，就能體會到或者猜測到商店經營的範圍，使之在商品的行銷活動中，起到宣傳商店和招攬顧客的作用。

# 二、商店設計

## 1. 店門的設計

在店面設計中，顧客進出門設計是重要一環。店門作用是引導人們的視線，激發人們的購物意識。

主要是連鎖店將連鎖業的經營宗旨、經營戰略、企業精神賦予到店門設計中。例如，有的連鎖店門口設有坡道，是為了購物方便，體現了服務第一的理念；有的連鎖店門口擺了兩個大獅子，主要體現了企業戰無不勝、開拓進取、力爭第一的霸氣；有的店鋪則在門口擺上了人物偶像，如麥當勞等。

將店門安放在店中央，還是左邊或右邊，這要根據人流的情況而定，一般大型商場的大門可以安置在中央，小型商店的進出部位安置在中央是不妥當的。因為店堂小，直接影響丁店內實際使用面積和顧客流動，小店的進出門，設在左右的一側比較合理。

從商業經營觀點看，店門應當是開放性的，所以設計時應當考慮到不要讓顧客產生「陰暗」的不良心理，從而拒客於門外。因此，明快、通透、具有呼應效果的門扉才是最佳設計。傳統的木門、金屬門的封閉性早已不適應時代的發展。

店門設計，還應考慮店門前路面是否平坦，是水平還是斜坡；前邊是否有隔擋及影響店門形象的物體或建築；採光條件、雜訊影響及太陽照射方位也是考慮的因素。

店門所使用的材料，以往都是採用較硬質的木材，也可以在木質外部包鐵皮等，製作方便。後來，中國開始使用鋁合金材料製作

商店門，由於它輕盈、耐用、美觀、安全，富有現代感，所以得到普及。無邊框的整體玻璃屬於豪華型，金銀珠寶店、電器店、時裝店、化妝品店、超市等，都是屬於這種類型。

## 2. 櫥窗的設計

商店櫥窗是商店的第一展廳，它是以本店所經營銷售的商品為主，巧用佈景、道具，以背景畫面裝飾為襯托，配以合適的燈光、色彩和文字說明。

商店的櫥窗多採用封閉式，便於充分利用背景裝飾，管理陳列商品和方便顧客觀賞。櫥窗陳列要反映出連鎖店的經營特色，使媒體受眾看後就產生興趣，並想購買陳列的商品。

櫥窗底部的高度，一般距離地面 80～130cm，成人眼睛能看見的高度為好，所以大部份商品可從離地面 60cm 的地方進行陳列，小型商品從 100cmc 以上的高度陳列；電冰箱、洗衣機、自行車等大件商品可陳列在離地面 5cm 高的部位。

季節性商品要按目標市場的消費習慣陳列，相關商品要互相協調，透過排列的形狀、層次、順序、底色及燈光等來表現特定的訴求主題，營造一種氣氛，使整個陳列成為一幅具有較高藝術品位的立體畫。

櫥窗實際是藝術品陳列室，透過對產品進行合理搭配，來展示商品美。它是衡量連鎖業經營者的文化品位的一面鏡子，是體現連鎖業經營環境文化、經營道德文化的一個視窗。顧客對它的第一印象決定著顧客對商品的態度，進而決定著顧客的進店率。

櫥窗背景是櫥窗廣告製作的空間，它類似室內佈置的四壁，有較嚴格的要求。背景顏色的基本要求是突出商品，而不要喧賓奪

主。形狀上一般要求大而完整、單純，避免小而複雜的煩瑣裝飾。顏色上儘量用明度高、純度低的統一色調。如果廣告宣傳商品的色彩淡而一致，也可用深顏色作背景。

　　道具包括佈置商品的支架等附加物和商品本身。其要求是支架的擺放越隱蔽越好，一定要突出廣告商品，佔用的位置要比商品小許多。常用有機和無機玻璃材料作道具，適應面較廣。布料道具的顏色一定要和廣告商品有一定差異。如果是服裝用道具模特，其裸露部份，如頭臉、手臂、腿等部位的顏色和形狀，可以是簡單的球體、灰白的色彩，或者乾脆不用頭臉，這樣反而比真人似的模特更突出服裝本身。商品名稱、企業名稱或簡捷的廣告用語的位置要巧妙安排在台架等道具上。例如，電冰箱櫥窗陳列應以皮、毛類材料作背景，顆粒材料作底面，更能突出電器產品的表面金屬質地感。

　　光和色彩是密不可分的，按舞臺燈光設計的方法為櫥窗配上適當的頂燈和角燈，不但能起到一定的照明作用，而且還能使櫥窗原有的色彩產生戲劇性的變化，給人以新鮮感。對燈光的要求一是要光源隱蔽、色彩柔和，避免使用過於鮮豔、複雜的色光。盡可能在反映商品本來面目的基礎上，給人以良好的心理印象。例如，食品櫥窗廣告用橙黃色的暖色光，更能增強人們對所做廣告的食品的食慾；而家用電器櫥窗陳列，則用藍、白等色光，能給人一種科學性和貴重的感覺。其次，現在的櫥窗佈置增加了動感，如利用大型彩色膠片製成燈箱，製作一種新穎的具有立體感的畫面等。

　　櫥窗廣告製作要不斷充實提高，而且在設計製作上注意廣告宣傳的目的，這才是重點，勿要造成喧賓奪主，否則，櫥窗設計仍然是不會成功。

連鎖業的賣場環境設計和商品陳列直接影響顧客的購買行為，從而影響連鎖業的銷售業績。好的賣場環境設計和商品陳列不僅體現了一定的藝術美，也反映了連鎖業獨特的經營理念與風格，它們屬於連鎖業形象設計中視覺形象範疇，不僅要求方便顧客購物消費，而且要求獨特新穎，在眾多的競爭者中能夠卓然出眾，給消費者留下深刻的印象，使他們流連忘返，產生重覆購買行為。

# 第六節　連鎖店的店內環境設計

## 一、招牌的設計

招牌是重要傳播媒體之一，它具有很強的指示與引導的功能。同時，也是一個店鋪區別於其他店鋪的重要工具。顧客的認識，往往是從接觸超市的招牌開始的。它是傳播超市形象、擴大知名度、美化環境的一種有利的手段。

### 1. 招牌的設計要求

招牌在客觀上要起到宣傳的功效，這就要求它的設計應使消費者對企業的經營內容與特色一目了然。因此，招牌一般應包含有如下內容：名稱、標誌、標準色、營業時間。在具體製作招牌時，有以下幾個問題要特別考慮：

(1)招牌的色彩。消費者對於招牌的識別往往是先從色彩開始再過渡到內容的，所以招牌的色彩在客觀上起著吸引消費者的巨大作用。因此，要求色彩選擇應溫馨、明亮而且醒目突出，使消費者過

目不忘。一般應採用暖色或中色調顏色，如紅、黃、橙、綠等色，同時還要注意各色彩之間的恰當搭配。例如有的超市的招牌為紅、綠、白三色；還有的超市招牌為紅、白兩色，或以紅、藍色為主色調設計。

(2)招牌的內容。招牌的內容要求在表達上簡潔突出，而且字的大小要考慮到中遠距離的傳達效果，具有良好的可視度及傳播效果。

(3)招牌的材質。招牌要使用耐久、耐雨、抗風的堅固材料，如木、塑膠、金屬、石等，或以燈箱來作招牌。在各種材質選擇時，要注意充分考慮全天候的視覺識別效果，使其作用發揮到最大。

## 2. 招牌的種類

(1)廣告塔，即在超市建築頂部豎立看板，以其來吸引消費者、宣傳自己的店鋪。

(2)橫置招牌，即裝在店正面的招牌，這是主力招牌，通常對顧客吸引力最強，如增加各種裝飾，如霓虹燈、螢光照射等，會使其效果更加突出。

(3)壁面招牌，即放置在正面兩側的牆壁上，將經營的內容傳達給兩側的行人的招牌。通常為長條形招牌或選擇燈箱形式加以突出。

(4)立式招牌，即放置在門口的人行道上的招牌，用來增加對行人的吸引力。通常可以用燈箱或商品模型、人物造型等來做招牌。

(5)遮幕式招牌，即在遮陽篷上施以文字、圖案，使其成為超市招牌，使之起到遮蔽日光、風雨及宣傳的雙重功效。

### 3. 招牌的位置放置

招牌應有良好的位置選擇，這樣才能充分發揮其宣傳作用，招牌本身設計的大小、色彩等是影響位置設置的主要因素。

一般的研究認為：眼睛與地面的垂直距離為 1.5 米左右，以該視點為中心上下 25°～30° 的範圍為人視覺的最佳區域，在此區域內放置招牌效果最佳。

## 二、店名設計

好的店名能給人留下生動、清晰的印象，能夠增強超級市場的吸引力，可以增強目標市場上消費者的口碑傳播效應，有利於擴大超級市場的知名度，增加顧客流量，也能將企業的經營理念傳輸給顧客。

## 三、店內裝修

以服裝連鎖行業內衣店的店內裝修為例，內衣店店內設計裝修，不僅影響到一個品牌的現實利益，而且也關係到品牌的發展和延伸。在設計與裝潢上，不僅要體現品牌的特色，還要在不同程度上表達品牌的風格、理念和人文概念。終端是展示內衣品牌的直接視窗，是一切終端行銷手段開展的平台。所以，終端形象建設是終端行銷的第一個環節，一個品牌的 SI 系統確定下來後，每個單店的推廣是非常重要的，否則 SI 將失去意義。店面工程要確保每個單店的形象裝修貫徹 SI，才能體現品牌形象的統一性。

## ⑴專賣店外牆及門頭的設計規劃

專賣店的門面也是一個品牌的門面,最主要是要能清晰地表現出品牌的名稱和標誌,要醒目、簡潔、大氣,並且能表達出品牌的文化理念。同時,在色彩和裝潢上,要能與旁邊的店面有明顯的區別。如:高亮度的色彩吸引路人的注目,同時透過店面建築的語言,體現出品牌的某種特性,是使品牌深入人心的重要途徑。

## ⑵賣場區域的合理設置

賣場區域的設置要有一條流動線,讓消費者從進門到出去,能順著產品陳列的指引方向,自覺地看完產品,不存在產品陳列的死角。它與試衣區、休息區有明顯的區別,同時又形成一個整體。主要的目的是讓消費者能更好地挑選自己滿意的產品,並對全部產品有大致的瞭解。

## ⑶產品陳列櫃

終端陳列櫃的素質高低,關係到消費者對品牌的印象。首先,產品陳列櫃所使用的顏色和造型要與品牌的理念相協調;其次,要能更好地襯托、渲染產品;再次,要緊跟潮流,不會過時。

## ⑷燈光

如何吸引眼球?如何更好地取悅她們,留住她們?「良好的燈光」已被消費者列為最重要的環境因素之一,有75%的消費者認為店面的燈光很重要,會直接影響她們的購買行為。尤其像內衣這樣特殊的個人消費產品,大部份女性主要憑感覺來購買,燈光對於她們的影響就顯得更為突出。

燈光分天花、櫥窗、燈箱、陳列櫃、試衣間、燈模等幾個方面,主要是起烘托產品和渲染店面氣氛的作用。要想最大限度地發揮燈

光的作用，就必須考慮到內衣產品的陳列方式和裝潢設計的風格，不單純追求燈具的排列整齊和造型獨特，更強調在有物體(含貨物陳設及形象噴繪圖)的地方有充足的直射光線，以造型美的射燈為主；沒有展示的地方就透過間接光源照明，這樣利用光線的疏密與變化，使店面的層次更加多樣化，空間感更強，購物氣氛更濃。

### ⑸POP 廣告的設置

POP 廣告是店面必不可少的推廣品牌的手段之一。

### ⑹消費者休息區設置

消費者休息區是一家內衣專賣店人性化的表現之一。陪伴女友或太太選購內衣對男士來說是件苦差事，而在休息區，男士們就能感受到體貼、週到的服務。例如：在消費者休息區配有舒適的沙發、茶几，擺放各類時尚新潮的女性雜誌及關於汽車、足球等方面的雜誌，以及使用 VCD/DVD 播放品牌的動態新聞或精彩絕倫的內衣秀等。讓每一個到專賣店的人，都能感受到溫馨、細緻的服務，進而樹立品牌的美譽度和忠誠度。

### ⑺收銀台

這是整個店面空間的重要組成部份，一方面要與陳列櫃協調一致、相輔相成，起著裝點店面和規範化的作用；另一方面，要方便儲存資料和結賬。

## 五、宣傳標誌與設備安裝

店面裝修好了，下一步就要考慮設備的安裝問題了，主要的設備有冷氣機、貨架、POS 機系統等，這些需要專業的安裝公司來進

行安裝。

連鎖店一般採用中央冷氣機，中央冷氣機的安裝較為繁複，對裝修設計有很高的要求。裝中央冷氣機，不像裝窗形冷氣機那樣簡單，必須要有專業的工程技術人員來完成。

中央冷氣機的安裝要與店面結構和裝修設計完美結合，這樣才能既發揮功效，又美觀大方。裝中央冷氣機，最好是在房子未裝修之前，請專業人士進行整體設計，使之和房子裝修風格相吻合。而要想達到使人感到舒適的目的，必須在設計中考慮好送風條件和風口設計(位置和風速等)，尤其要設計好進出風口的位置。

為了日後維修與清洗的方便，埋藏冷氣機管道的吊頂要做成活動式的，否則日後「開膛破肚」會慘不忍睹。

中央冷氣機安裝必須結合裝修來進行，最好是在開始裝修時與裝修交叉進行，這樣既經濟又實惠，不致破壞太多的結構。

中央冷氣機與傳統冷氣機相比，移機相對要麻煩些，因此在安裝前要充分考慮，在機器下方留較大的活動檢修口，以利移機或維修時方便操作。

# 第 *12* 章

# 連鎖店的店內佈局設計

連鎖店面的佈局是否合理，關係著店面及連鎖企業的整個運營效果，也反映出企業品牌的理念與形象。因此，連鎖店面的佈局設計應該引起企業的高度重視。

## 第一節　連鎖店的店內布局

### 一、入口、出口設計

出入口佈局的要點是「易＋久」，即容易進入，不容易出去，則可停留時間久一些。入口處應寬敞方便，出口處偏僻窄小一些。要考慮商店營業面積、客流量、地理位置、經營商品特點以及安全管理等因素。規模較大的商場應多設一些出入口，以方便顧客出

入,使得客流順暢。入口處儘量不要設計台階,以免下雨天的時候造成進入困難。

沃爾瑪和家樂福這兩個零售巨頭的超市入口處非常寬敞方便,而出口處相對就窄小一些。

入口設計,超級市場賣場入口要設在顧客流量大、交通方便的一邊。通常入口較寬,出口相對窄一些,入口比出口大約寬 1/3。應根據出入口的位置來設計賣場通道,設計顧客流動方向。超級市場的入口與賣場內部配置關係密切,在佈局時,應以入口設計為先。在入口處為顧客購物配置提籃和手推車,一般按每 10 人配置 1～3 輛(個)的標準配置。

在超級市場的賣場內,入口的地方最好陳列對顧客具有較強吸引力的商品,可以發揮招徠作用,增強賣場對顧客的吸引力。

出口設計。超級市場賣場的出口必須與入口分開,出口通道寬應大於 1.6 米,出口處設置收款台,按每小時透過 300 人為標準來設置一台收款台。出口附近可以設置一些單位價格不高的商品,如口香糖、圖書報刊、餅乾、飲料等,供排隊付款的顧客選購。

## 二、通道設計

通道是指顧客在賣場內購物行走的路線。通道設計的好壞直接影響到顧客能否順利地進行購物,影響到企業的商品銷售業績。對於超級市場而言,賣場中的通道可以分為直線式通道和回型式通道兩類。

有利於引導消費者,使他們容易到每一個店面;通道應該足夠

寬，最窄的地方都應該使迎面走來的兩個人能比較容易地錯開。

## 1. 直線式通道設計

直線式通道也被稱為單向通道。這種通道的起點是賣場的入口，終點是超級市場的收款台。顧客依照貨架排列的方向單向購物，以商品陳列不重覆，顧客不回頭為設計特點，使顧客在最短的線路內完成商品購買行為。下圖是一種典型的直線式通道。

### 圖 12-1-1　超級市場直線式通道

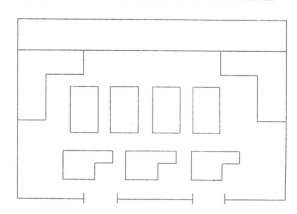

## 2. 回型式通道設計

回型式通道又稱環型通道。通道佈局以流暢的圓形或橢圓形按從右到左的方向環繞超級市場的整個賣場，使顧客依次流覽商品，購買商品。在實際運用中，回型式通道又分為大回型和小回型兩種線路模型。

(1)大回型通道。這種通道適合於營業面積在 1600 平方米以上的超級市場。顧客進入賣場後，從一邊沿四週回型流覽後再進人中間的貨架。它要求賣場內部一側的貨位一通到底，中間沒有穿行的路口，具體如圖 12-1-2 所示。

### 圖 12-1-2　超級市場的大回型通道

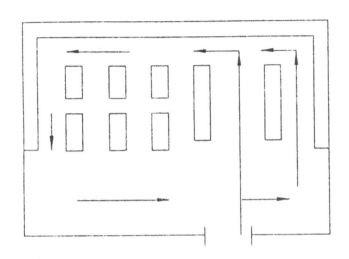

⑵小回型通道。它適用於營業面積在 1600 平方米以下的超級市場。顧客進入超級市場賣場，沿一側前行，不必走到頭，就可以很容易地進入中間貨位。圖 12-1-3 是一種典型的小回型通道。

### 圖 12-1-3　超級市場的小回型通道

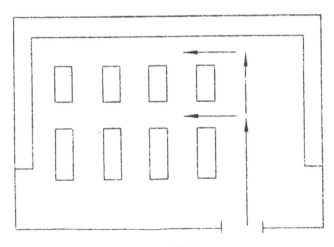

在設計超級市場賣場的通道時，應注意通道要有一定的寬度。適當的通道寬度不僅便於顧客找到相應的商品貨位，而且便於仔細挑選，也有助於營造一種寬鬆、舒適的購物環境。圖表 6-5 是來店顧客移動路線圖。一般來講。營業面積在 600 平方米以上的超級市場，賣場主通道的寬度要在 2 米以上，副通道的寬度要在 1.2～1.5 米之間。最小的通道寬度不能小於 90 釐米，即兩個成年人能夠同向或逆向透過（成年人的平均肩寬為 45 釐米）。

## 圖 12-1-4　來店顧客移動路線圖

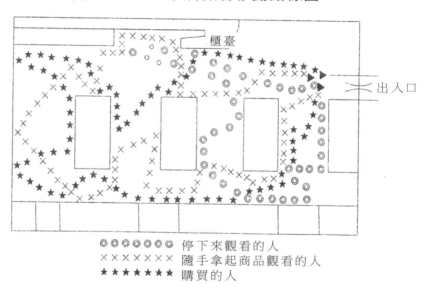

◎◎◎◎◎◎◎　停下來觀看的人
×××××××　隨手拿起商品觀看的人
★★★★★★★　購買的人

在設計通道時還應注意不能給賣場留有「死角」。「死角」就是顧客不易到達的地方，或者顧客必須折回才能到達其貨位的地方。實踐證明，顧客光顧「死角」貨位的次數明顯少於其他地方，非常不利於商品銷售。

## 三、陳列設備和用具的設計

陳列櫃、陳列台、櫃檯，這些陳列小道具和其他陳列用品，不僅使商品突出從而增加對顧客的吸引力，而且便於商品的管理以及整理場地。由於陳列設備的配置決定店內的通道，因此，很好地利用陳列設備是非常重要的。

陳列用具、櫃檯，一起組成接待顧客進行面對面銷售的重要場所。陳列品的高度從顧客的眼睛到胸部這個高度陳列效果最好，這一部份必須充分利用；冷藏食品需用有透明頂蓋的冰櫃、冰箱陳列；要利用商店內柱子、陳列架掛吊商品；視情況製作各種形狀和性能的漂亮的陳列用具。總之，對商店內的各個部份都要充分利用，使其具有生氣和充實感，使陳列用具具有吸引力。

### 1. 陳列架

陳列架是佈置美化店內牆壁的重要用具。陳列架的高度和寬度要同商店的空間和商品的尺寸大小相一致。另外，小商品不宜放置在陳列架裏邊，應放置在前面，使顧客容易看到。陳列架一般較高，上面的商品顧客伸手夠不到。所以要求讓顧客用手可以夠到的商品，必須放在 160cm 以下。如果是名牌商品，放置的高度，要以店員的手夠得到的範圍為好。

### 2. 陳列小道具

陳列小道具指安裝在營業台、陳列臺上的用來吊掛和擺放商品的小陳列用具，一般用來陳列需要裸露的商品，用以補充大的陳列用具的不足，或者為使平面陳列有高低起伏的變化而使用，它便於

顧客產生聯想，從而刺激購買慾。

需要注意的是，不要勉強使用與商品大小不合適的陳列道具，反而弄巧成拙；不是非要使用很貴的高級玻璃板才會美觀，使用金屬工具、塑膠用具有時一樣美觀大方，不要造成不必要的浪費；避免使用不適應季節變化的形狀和顏色。

### 3. 陳列櫃

一般地說，不要過多的使用陳列櫃。因為，大多數商品以裸露陳列為好。除了形狀小、價格高的商品或容易變色、汙損的商品，必須放在玻璃櫃裏以外，其他商品都可以敞開陳列，要充分利用櫃檯和貨架進行敞開陳列。

此外，還要很好地利用玻璃櫃作為接待顧客的場所，但不能把陳列櫃從腰部到胸部全部用玻璃來代替，這樣櫃檯裏邊的商品就不容易看見，會失去陳列效果。選擇陳列櫃的時候，不僅要研究高度，也要研究擱板的寬度和數量，使之很好地與商品相配合。另外，陳列櫃裏商品太少顯得過空不好，過多也不好，以商品陳列櫃的陳列既豐富又不顯擁擠為最好。

### 4. 櫃檯和陳列台

在大多數日用品商店裏，商店的中央部份多數使用櫃檯，櫃檯可以陳列沒有包裝的商品，使顧客很容易就能看見自己喜愛的商品，但切忌裸露陳列過多，把商店全部搞成平面陳列，好像全部商品都是廉價商品似的。另外，若商品陳列的位置和顧客眼睛不成直角，這種陳列就不會顯眼。為了克服這種缺點，要在櫃檯上下功夫，用提高櫃檯中部的辦法，把櫃檯上層進行立體陳列。由於櫃檯的拐角妨礙商店內部的通行，因此要把櫃檯做成曲線的。

特價台的使用,特價台是為了刺激顧客的需求慾望而設置的,應當把最能刺激顧客的商品陳列在特價台容易取放的地方,使顧客止步,達到誘導顧客進店買東西的目的。因而,根據銷售方針,廉價甩賣商品要單設一個地方;誘人的商品放置一個地方;季節性商品和時興商品放在另一個地方。這樣可使整個商店繁華、活躍起來,引起顧客購買的衝動,因此特價台的形狀和大小要講求實用。特價台是佔商店最重要的地方的陳列台,所以這種特價台用薄木板製作,或者做得比較粗糙都不合適,若用空箱、用舊的櫃檯就更不合適了。特價台的大小寬度,要按照通路的寬窄來決定,最好是能夠自由移動,不妨礙營業;亦可以用分區、分片式的,幾個台輪換擺放。這樣既可以變換商店模樣,又不會浪費。特價台的高度,要便於顧客自由地選擇商品,以最低 65cm、最高 90cm 左右為好,如果太高就遮擋視線。

特價台的作用,使顧客在商店前面停留後,再進入店內。所以單價高的商品,不能擺在特價臺上。因為特價台是隨手可以取到商品的,特價台做得過大,陳列在中央部位的商品用手就夠不著;而陳列數量過少了,又顯得太空。另外,為了更好地把顧客引進店內,一定要保持店前和通路不被堵塞。

## 5.廣告位

售點廣告也稱 POP(Point of Purchase Advertising),是指在購買場所、商店的週圍、入口、內部以及有商品的地方設置的廣告。它具有強烈的視覺傳達效果,可以刺激消費者的購買慾望,而且具有低成本、直接性和有效性的特點,是零售商店的一種主要的促銷工具。

# 四、服務設施設計

收款台和存包處，在超級市場的賣場設計中，它們佔有非常重要的地位。

## 1. 收款台的配置與設計

超級市場收款台的數量，應以滿足顧客在購物高峰時能夠迅速付款結算為出發點。顧客等待付款結算的時間不能超過 8 分鐘，否則就會產生煩躁的情緒。在購物高峰時期，由於顧客流量的增大，超級市場賣場內人頭攢動，無形中就加大了顧客的心理壓力。此時，顧客等待付款結算的時間要更短些，使顧客快速付款，走出店外，緩解壓力。

在收款台處，都配有電子掃描器和電子電腦聯網系統。顧客自選商品到收款台付款時，服務人員只要將掃描器對準商品的條碼照射，電腦就能夠顯示出商品的數量和金額，使顧客快速透過收款處。顧客在付款時，服務人員要將購物發票，即結算憑證交給顧客，便於顧客核對。購物小票也是顧客保護自己合法利益的憑據，一旦發現商品品質、規格不符合自身的要求時，就可以憑發票要求退換。

## 2. 存包處的設計

存包處一般設置在超級市場的入口處，供顧客隨身攜帶的各種背包放置使用，是超級市場出於自身安全及消費者方便的需要設置的一個場所。一般配備 2～3 名工作人員。顧客進入超級市場時，首先存包領牌，完成購物以後再憑牌取包。目前，有些大型超級市場中，配有顧客自助式的存包處，顧客在超級市場內領取存櫃鑰

匙,自己存包,自己取包,減少了等待時間。不論採用何種形式的存包方式,都應該是免費的,否則就會引起顧客的反感,直接影響到超級市場的銷售業績。

## 五、賣場照明設計

賣場內部環境的美化與裝飾可以增加其整體的吸引力,使顧客在優雅的購物環境中流連忘返,購買自己滿意的商品。同時也有利於減輕工作人員的疲勞度,提高勞動效率。

賣場內部照明的目的是正確地傳達商品資訊,展現商品的魅力,吸引顧客進入賣場,達到促銷的目的。一般來說,賣場的照明設計主要有兩種:

· 向目標顧客傳輸商品資訊的「商品照明」;

· 營造良好購物氣氛,增強陳列效果的「環境照明」。

### 1. 賣場照明的類型

對於超級市場而言,經常按照基本照明、重點照明和裝飾照明三種照明來具體設計賣場照明。

(1)基本照明。基本照明是確保整個超級市場的賣場獲得一定的能見度,方便顧客選購商品和工作人員辦公而進行的照明。在超級市場裏,基本照明主要用來均勻地照亮整個賣場。例如,天花板上的螢光燈、吊燈、吸頂燈就是基本照明。基本照明用來營造一個整潔寧靜、光線適宜的購物環境。一般來講,自然光是最好的基本照明,它對人眼沒有任何刺激,又可以展現商品的本色和原貌。

(2)重點照明。重點照明也稱為商品照明,它是為了突出商品優

異的品質，增強商品的吸引力而設置的照明。常見的重點照明有珠
寶首飾上的聚光照明、陳列器具內的照明以及懸掛的白熾燈。在設
計重點照明時，要將光線集中在商品上，使商品看起來有一定的視
覺效果。

在超級市場裏，食品，尤其是燒烤及熟食類應該用帶紅燈罩的
燈具照明，以增強食品的誘惑力。

(3)裝飾照明。裝飾照明是超級市場為求得裝飾效果或強調重點
銷售區域而設置的照明。一般主要指裝飾商店內外的燈光照明，在
節假日或其他一些重要日子裏，顯得尤為壯觀，平時一些大中型商
店在夜間也天天使用。裝飾照明常是超級市場塑造其視覺形象的一
種有效手段，被廣泛地用於表現超級市場的獨特個性。常見的裝飾
照明有：霓虹燈、弧形燈、枝形吊燈以及連續性的閃爍燈等等。

## 2.賣場不同區域的照明要求和效果

在設計超級市場的照明時，並不是越明亮越好。在超級市場的
不同區域，如櫥窗、重點商品陳列區、通道、一般展示區等，其照
明光的照度是不同的。具體要求如下：

(1)普通走廊、通道和倉庫，照度為 100～200 勒克斯。

(2)賣場內一般照明、一般性的展示以及商談區，照度為 500
勒克斯。

(3)店面和賣場內重點陳列品、POP 廣告、商品廣告、展示品、
重點展示區、商品陳列櫥櫃等，照度為 2000 勒克斯。其中對重點
商品的局部照明，照度最好為普遍照明度的三倍。

(4)櫥窗的最重點部，即白天面向街面的櫥窗，照度為 5000 勒
克斯。

## 六、色彩設計

　　色彩是組成賣場環境的一個重要方面。一種爽目、潔淨的色調能給消費者以良好的購物感覺，心情舒暢地進行購物活動；反之，暗淡、昏冷的色調會趕走客源，從而無法實現企業的經營目標。超級市場是顧客自助式服務的零售業態，良好購物環境的營造尤為重要，要下力氣搞好超市的「色彩工程」。

　　人觀察物體的色彩時，物體的背景色感應為物體顏色的襯色，以使人的眼睛獲得休息和平衡。例如，當肉品貨櫃背景色彩偏紅時，肉色給人的感覺就不那麼新鮮；如改成淡藍色或草綠色，肉就會顯得新鮮紅潤。因此，在大量陳列著色彩紛呈商品的超市營業空間中，環境色彩應儘量採用中性色，突出襯托的商品，並可防止出現因補色而改變商品色感的現象。對作為休息、逗留、觀賞的共用空間，可採用強烈、歡快的色彩基調，造成熱烈、親切宜人的氣氛效果，以激起顧客興奮活躍的心情。但過分對比的色彩也易令人疲勞，故在具體處理時，對於大面積的運用應慎重考慮。

　　紅色、黃色、橙色，美術家和藝術家們認為是「暖色」，這是在希望有溫暖、熱情、親近這種感覺時使用的色彩，餐館應該運用這些色彩，並使用燭光和壁爐，這樣可以對顧客的心境產生影響，使他們感到溫暖、親切；藍色、綠色和紫羅蘭色被認為是「冷色」，通常用來創造雅致、潔淨的氣氛，在光線比較昏暗的走廊、休息室以及超級市場中以及希望使人感到比較舒暢、比較明亮的其他場所，應用這些色彩效果最好；棕色和金黃色被認為是泥土類色調，

可以與任何色彩配合，這些色彩也可以給節假日的環境傳播溫暖、熱情的氣氛。

　　為了吸引消費者的注意，不同的店內部份對色彩有著不同的要求。

### 表 12-1-1　色彩選擇

| 店內結構組成名稱 | 選擇色彩要求 | 代表色 |
|---|---|---|
| 外觀（建築物、外牆） | 明亮、衝擊性強 | 紅、黃、藍色灰、淡粉、 |
| 店內地板 | 不易反光色較淡、平和的 | 桔色淺藍、淡粉、白色 |
| 店內牆壁 | 色彩反光性好 | 白色 |
| 天花板 | 安寧、淡色 | 乳白色、灰色、藍色 |
| 用具（貨架、收銀機等） | | |

　　透過不同商品各自獨特傾向的色彩語言，顧客更易辨識商品並對其產生親近感。這種作用在超級市場裏特別明顯：暖色系統的貨架，放的是食品；冷色系統的貨架，放的是清潔劑；色調高雅、肅靜的貨架上，放的是化妝用品……這種商品的色彩傾向性，可體現在商品本身、銷售包裝及其廣告上。有經驗的人，一看廣告的色調，就知道宣傳的是那一類商品。

　　不同的商品需要有不同的色彩來加以陪襯與烘托。所以在超市色彩選擇時，要把商品的因素加以考慮。

## 七、聲音與音響設計

　　聲音的密度指的是聲音的強度和音量。聲音的種類和密度可對

賣場的氣氛產生積極的影響，也可以產生消極的影響。音響可以使顧客感到愉快，也可以使顧客感到不愉快。令人不愉快的或令人難以忍受的音響，會影響顧客的購物情緒，甚至毀壞賣場刻意營造的購物氣氛。這一類的噪音，通常來自外部，除非採用消音、隔音設備，否則企業是很難予以控制的。而櫃檯上嘈雜的聲音，以及內部產生的噪音，是可以控制的。

令人愉快的音樂有益於產品促銷，如果一家超級市場在入口處經常放有悅耳的音樂，門外的顧客會魚貫而入，不管是否有中意的商品需要採購。根據一項調查研究顯示：在美國有 70%的人喜歡在播放音樂的超級市場購物，但並非所有音樂都能達到此效果。調查結果顯示，在超級市場裏播放柔和而節拍慢的音樂，會使銷售額增加 40%，而快節奏的音樂會使顧客在商店裏流連的時間縮短，從而購買的商品減少，這個秘訣早已被超級市場的經營者熟知，所以每天快打烊時，超級市場就播放快節奏的搖滾樂，促使顧客早點離開，好早點收拾早點下班。

令人愉快的聲音，還可以吸引人們對商品的注意。實踐證明，鐘錶的滴答聲，微風中的鐘鳴聲，答錄機、收音機以及電視機播放的聲音，在各有關的售貨場所，都是正常的聲音，它們確實可以吸引顧客對這些商品的注意。


## 八、氣味設計

賣場的氣味，對創造最大限度的銷售額來說，是至關重要的。如果賣場氣味異常，那麼，商品的銷售是不會達到預期數量的；氣

味正常，則會吸引顧客購買這些商品。人們的味蕾會對某些氣味作出反應，以致可以憑藉嗅覺就可知道某些商品的滋味。例如巧克力、新鮮麵包、桔子、玉米花和咖啡等等。花店中花卉的氣味，化妝品櫃檯的香味，麵包店的餅乾、糖果味，蜜餞店的奶糖和硬果味，超級市場禮品部散發香氣的蠟燭，皮革製品部的皮革味，煙草部的煙草味，均是與這些商品協調的，對促進顧客的購買是有幫助的。

正如有令人不愉快的聲音一樣，也有令人不愉快的氣味，這種氣味會把顧客趕走。令人不愉快的氣味，包括地毯的黴味，吸紙煙的煙氣，強烈的染料味，齧齒類動物和昆蟲的氣味，殘留的尚未完全熄滅的燃燒物的氣味，汽油、油漆和保管不善的清潔用品的氣味，洗手間的氣味等。鄰居的不良氣味，也像外部的聲音一樣，會給賣場帶來不好的影響。這些氣味不僅令人不愉快，與賣場的環境、氣氛也不協調。例如，巧克力和硬果的氣味飄入保健食品部，醫生或牙科醫生診室的很濃的藥品氣味飄入麵包店等等。總而言之，賣場裏的氣味，一定要能夠促進顧客購買。

如果是不好的氣味，那麼，企業應當用空氣過濾設備力求降低它的密度（強度）。對正常的氣味，密度不妨大一些，以便促進顧客的購買，但是，要適當控制使它不致擾亂顧客，甚至使顧客厭惡。例如，化妝品櫃檯週圍香水的香味會促進顧客對香水或其他化妝品的消費需要，但是，香水的香味過於強烈，也會使人厭惡，甚至引起反感，這樣，反而會把顧客趕走。

# 九、通風設施設計

對於超級市場而言，賣場內顧客流量大，空氣極易污濁，為了保證店內空氣清新通暢、冷暖適宜，應採用空氣淨化措施，加強通風系統的建設。通風來源可以分自然通風和機械通風。採用自然通風可以節約能源，保證超級市場內部適宜的空氣，一般小型超級市場多採用這種通風方式。而有條件的現代化人中型超級市場，在建造之初就普遍採取紫外線燈光殺菌設施和空氣調節設備，用來改善超級市場內部的環境品質，為顧客提供舒適、清潔的購物環境。

超級市場的冷氣機應遵循舒適性原則，冬季應達到溫暖而不燥熱，夏季應達到涼爽而不驟冷。否則會對顧客和職員的身體產生不利的影響。如冬季暖氣開得很足，顧客從外面進入超級市場都穿著厚厚的棉、毛衣，在店內呆不了幾分鐘就會感到燥熱無比，來不及仔細流覽就匆匆離開超級市場，這無疑會影響超級市場銷售。夏季冷氣習習，顧客從炎熱的外部世界進入超級市場，會有乍暖還寒的不適應感，抵抗力弱的顧客難免出現傷風感冒的症狀，因此在使用冷氣機時，維持舒適的溫度和濕度是至關重要的。

空氣濕度參數一般保持在 40%～50%左右，更適宜在 50%～60%左右，該濕度範圍使人感覺比較舒適。但對經營特殊商品的營業場所和庫房，則應嚴格控制環境濕度，嚴防腐壞情況的發生。

# 十、地板設計

　　地板在圖形設計上有剛、柔兩種選擇。以正方形、矩形、多角形等直線條組合為特徵的圖案，帶有陽剛之氣，比較適合經營男性商品的超級市場使用；而以圓形、橢圓形、扇形和幾何曲線形等曲線組合為特徵的圖案，帶有柔和之氣，比較適合經營女性商品的超級市場使用。

　　地板的裝飾材料，一般有瓷磚、塑膠地磚、石材、木地板以及水泥等，可根據需要選用。選材時主要考慮超級市場形象設計的需要、材料費用的多少、材料的優缺點等幾個因素。首先應對各種材料的特點和費用有清楚的瞭解，才利於作決定。瓷磚的品種很多，色彩和形狀可以自由選擇，有耐熱、耐水、耐火及耐腐蝕等優點，並有相當的持久性；其缺點是保溫性差。塑膠地磚價格適中，施工也較方便，還具有顏色豐富的優點，常被一般超級市場所採用，其缺點是易被煙頭、利器和化學品損壞。石材有花崗石、大理石以及人造大理石等，都具有外表華麗、裝飾性好的特點，在耐水、耐火、耐腐蝕等方面不用擔心，是其他材料遠不能及的，但由於價格較高，只有在營業上有特殊考慮時才會採用。木地板雖然有柔軟、隔寒、光澤好的優點，可是易弄髒、易損壞，故對於顧客進出次數多的超級市場不大適合。用水泥鋪地面價格最便宜，但經營中、高級商品的超級市場不宜採用。

# 十一、天花板的設計

　　天花板的作用不僅僅是把店鋪的梁、管道和電線等遮蔽起來，更重要的是創造美感，創造良好的購物環境。超市賣場的天花板力求簡潔，在形狀的設計上通常採用的是平面天花板，也可以是簡便地設計成垂吊型或全面通風型天花板。天花板的高度根據賣場的營業面積決定，如果天花板做得太高，顧客就無法在心平氣和的氣氛下購物；但做得太低，雖然可以供顧客在購物時感到親切，但也會使其產生一種壓抑感，無法享受視覺上和行動上舒適和自由流覽的樂趣。所以，合適的天花板高度對賣場環境是甚為重要的。超市賣場天花板高度標準如下(供參考)：

　　營業面積 300㎡ 左右：天花板高度為 3～3.3m。營業面積 600㎡ 左右：天花板高度為 3.3～3.6m。營業面積 1000㎡ 左右：天花板高度為 3.6～4m。天花板的沒計裝潢除了要考慮到其形式和高度之外，還必須將賣場其他與之相關的設施結合起來考慮。如賣場的色調與照明協調，冷氣機、監控設備(如確實需要)、報警裝置、滅火器等經營設施的位置，都應列入考慮之列。

# 十二、停車場設計

　　假如賣場位於城市的公寓區，顧客幾乎是徒步購物，則不需要設立停車場。但是在郊區開設賣場必須考慮停車場的配置，因為顧客幾乎是開車而來。停車場規模與賣場規模有一定的比例關係，大

多以 15%～30%為宜；大型購物中心、超級購物中心、倉儲會員店可適當增加，如東方家園家庭裝修裝飾建材超市都在幾萬平方米。當然，具體規模還應根據具體情況而定。

　　停車場的位置必須保證顧客進出方便，顧客可以便利地進入賣場，購物後，能輕鬆地將商品轉移到車上。具體要求是：臨近公路，易於進出；入口處要面向道路；車輛出入口應避開十字路口；區別車輛的入口和出口；主停車場與賣場入口在 180°範圍內；用箭頭和副線展示並排定停車順序。


# 第二節　某連鎖業的展店方案

　　某連鎖業的展店計劃步驟如下：

　　(1)跨地區聯網經營的店面，則必須在該店試營業前 60 日就著手準備該店與總部之間聯網的 DDN 專線的架設、連通等相關工作。

　　(2)總部信息技術部應在該店大進貨前 20 日將服務器安裝、調試完畢，並做好本地的 NR 等相關測試。如果該店是跨地區聯網經營，則其數據應在大進貨前 10 日內由採購與當地協調，錄入供應商資料和商品信息等數據並檢查完畢。錄入工作必須在大進貨前 2 日結束，留有 2 日時間進行檢查、更改工作。

　　應在連鎖店試營業前 20 日內將會員信息錄入完畢，並列印好會員卡。

　　(4)店面整體工程完畢後，安裝電腦部 UPS 電源，進行內部局域網的搭建（包括前台收款、收貨部、財務部職能等部門），保證網路

通暢並符合網路佈線相關要求。

(5)大批進貨前 20 日將財務服務器的作業系統、用戶端軟體、財務軟體安裝完畢,做好接口程序及付款通知單等,並組織財務人員進行培訓學習。

(6)大批進貨前 7 日應保證 DDN 專線與總部信息技術部之間的連接通暢,可以即時傳遞數據。

(7)大批進貨前 3 日,服務器、PC 機、印表機、價簽機、條碼印表機等與收貨有關的電腦設備必須連接、設置完畢,保證使用正常。

(8)大批進貨前 2 日,將電腦部、收貨部、財務部等部門的電腦設備連接、調試完畢。

(9)試營業前 7 日,應將收款台、POS 機、掃描器(平台)、消磁器等佈置、安裝、調試完畢,應做到 POS 機工作正常、數據準確無誤,將 POS 機鍵盤設置、裝貼完畢,組織收銀員熟悉鍵盤和掃描槍工作性質及特點,隨時可以進行售賣工作。

(10)大批進貨前 3 日,應將生鮮電子秤安裝、調試完畢,數據傳送正常,並做好相關培訓工作。

(11)大批進貨前 2 日,採購、樓面人員對電腦數據進行整合,並對商品的描述、進價和售價、條碼等信息進行核對,逐一檢查、更正,並於當晚進行與總部的 NR 工作,保證數據流的通暢。

(12)大批進貨前 1 日上午,連鎖店電腦部進行一次重點突出的實地培訓,主要講解收貨操作的主要環節及注意事項,積極做好收貨工作。

(13)大批進貨前 1 日下午,連鎖店收貨部進行一次重點突出的實

地培訓，主要講解收貨操作的注意事項及問題的處理和解決方法，積極做好收貨工作。

⒁大批進貨開始時，應由電腦部人員到收貨部實際處理收貨時出現的問題，對收貨工作進行把關，特別是對百貨商店內碼的列印、粘貼工作，以及普通商品的掃描核對工作進行把關，並隨時列印價簽，由樓面工作人員將價簽進行粘貼、懸掛工作。

⒂收貨部進行收貨操作，樓面人員擺放商品、懸掛價簽，並開始逐一核對商品與價簽的描述與條碼的一致性。出現錯誤及時通知電腦部進行更改、補加工作。

⒃大進貨完畢後，應集中進行價簽的列印、懸掛、檢查核對工作。

⒄試營業前 2 日，採購、樓面人員對商品、價簽進行掃貨核對工作。

⒅試營業前 1 日，應再次組織採購、樓面人員對商品、價簽進行掃貨核對工作。

⒆試營業前 1 日，電腦部人員應對所有參與銷售工作的所有機器設備進行最後一次檢查、測試工作，保證次日營業正常。

⒇營業前 30 分鐘應檢查 POS 機工作狀態，重新啟動 POS 機並由收銀員正確登錄，電腦部人員應 PING 通所有收款台，為營業做最後準備。

⒇營業後對收款台、發票處理程序進行監督，抓緊處理堆積的發票，保證銷售數據的準確性，並對商品的描述、進價和售價以及條碼等出現的問題及時解決，不得影響銷售、收貨操作。

⒇全天對收貨、銷售、庫存等情況進行監督，時時處理發生

的問題並予以記錄,並對其他部門發生的問題進行跟蹤解決,積極維護店面各部門電腦設備,保證工作正常開展。

⑵⑶向店長、各部門提供相關報表,滿足各部門需求,堅持連鎖店日常維護工作。


# 第三節 (案例)7-11店鋪的變化陳列

一位女性在 7-11 的店鋪中打工,由於粗心大意,在進行優酪乳訂貨時多打了一個零,使原本每天清晨只需 3 瓶優酪乳變成了 30 瓶。按規矩應由那位女高中生自己承擔損失——這意味著她一週的打工收入將付諸東流,這就逼著她只能想方設法地爭取將這些優酪乳趕快賣出去。

冥思苦想的高中生靈機一動,把裝優酪乳的冷飲櫃移到盒飯銷售櫃旁邊,並製作了一個 POP,寫上「優酪乳有助於健康」。令她喜出望外的是,第二天早晨,30 瓶優酪乳不僅全部銷售一空,而且出現了斷貨。誰也沒有想到這個小女孩的戲劇性的實踐帶來了 7-11 的新的銷售增長點。從此,在 7-11 店鋪中優酪乳的冷藏櫃同盒飯銷售櫃擺在了一起。

7-11 在具體的做法,是每週都要一本至少 50 多頁的陳列建議彩圖,內容包括新商品的擺放,粘貼畫的設計、設置等,這些使各店鋪的商品陳列水準都有了很大的提高。

7-11 還在每年春、秋兩季各舉辦一次商品展示會,向各加盟店鋪展示標準化的商品陳列方式,參加這種展示會的只能是

7-11 的職員和各加盟店的店員，外人一律不得入內，因為這個展示會揭示了 7-11 半年內的商品陳列和發展戰略。另外，7-11 還按月、週對商品陳列進行指導，例如，耶誕節來臨之際，聖誕商品如何陳列，店鋪如何裝修等都是在總部指導下進行的。

世界著名連鎖便利公司 7-11 的店鋪一般營業面積為 100 $m^2$，店鋪內的商品品種一般為 3000 多種，每 3 天就要更換 15～18 種商品，每天的客流量有 1000 多人，因此商品的陳列管理十分重要。


# 第四節　（案例）家樂福陳列技巧

## 1. 賣場佈局能充分發揮出自己的優勢

世界上任何一家超市都不可能在每一個區域都做得比競爭對手好。同樣，家樂福也深知此理，所以在賣場的分割上充分發揮了自己的優勢。

家樂福的生鮮日配和日雜是其最具特色的兩個區域，在生鮮區域，裝修的風格講究，經營的品種繁多，敏感性的商品價格低得讓人心跳。

在非食品的日雜區，陳列講究，品種繁多，且季節性商品和流行的商品都是陳列在起眼的位置。從目前情況看，家樂福顯然加大了自有品牌開發的力度，定價上比同類商品低 20%～25%，加上大面積地突出陳列，購買率和創利能力相當高。

## 2.陳列過渡十分自然，關聯陳列比較合理

家樂福巧妙地利用貨架的不同高度以及服裝、電器等區域，將一個個的區域隔離開來，讓顧客既有購物的享受，又不讓顧客有走進貨架林的感覺。

另外，相關聯的商品組合在一起，巧妙地利用關聯商品由一個區域向另一個區域過渡也是家樂福的一大特色。如：清潔用具向洗化、日化過渡等。

## 3.商品陳列時顏色搭配合理

在商品陳列時，對顏色搭配的要求已達到十分講究的地步。特別是家紡針棉區，如將毛巾等商品利用毛巾自有的顏色進行有機地組合、區別，讓顧客選購時一目了然，從而節省了選購時間，提高了商品的銷量。

## 4.季節性的商品陳列突出

家樂福用了很大的面積去陳列涼鞋、涼拖鞋、涼席、冷氣被等。而反季商品只是作象徵性的擺放，如：保健品在整個賣場只有五組單面貨架，且每個單品只有一個陳列面。

## 5.講究賣場的氣氛營造，挑起顧客強烈的購買慾

家樂福充分利用燈光、POP以及特價商品、堆位等有機的組合，把整個賣場的氣氛營造得非常濃郁，讓顧客一進家樂福便有一種購買的衝動。

## 6.對陳列的管理標準，嚴謹且執行力強

仔細觀察家樂福的陳列，發現在每一個商品的右下角都會相對應的有一張價簽，上面除了標明常規的品名、產地、價格等，而且還標明了商品陳列排面數。

# 第 13 章

# 連鎖業的新店開幕慶祝

## 第一節　開幕前的<試營業>

### 一、正確理解試營業

多數連鎖店在開業前 5 天左右都進行試營業。規模越大的連鎖店，涉及的部門和環節越多，試營業就越有必要。商家可以透過試營業來發現問題，對問題進行解決，並對營業效果進行評價，及時調查和改進，為正式營業奠定良好的基礎。

所謂「試營業」，是企業的一種經營方式，主要是經營者向消費者告知該營業場所剛開張，管理可能不週密，服務可能有欠缺、正在完善，但絕不是指可以不用交稅或可以在沒有辦理相關證照的情況下先嘗試營業。按照規定，所有沒有證照的「試營業」都按無照經營處理，不交稅也都按偷稅漏稅處理。具體地說，一個營業場

所想要開門經營，無論是銷售商品還是提供服務，都必須在證照齊全的情況下才能進行，沒有第二種可能。例如，想開一家飯店，即使是在「試營業」期間也必須證照齊全，在衛生、環保等方面都達到了要求才可以開門迎客。

　　就新開業的商家而言，「試營業」是一次測試產品與服務的機會，也是吸引顧客的重要手段。從大型商超到小型餐館，開業初期，他們都會進行「試營業」的宣傳，而且各種促銷活動也會頻繁上演。透過試營業，商家可以分析出主要受眾群是什麼人，所銷售的物品是否符合消費者的需求，營業時間的長短是否合適，甚至還可以吸引顧客，累積顧客資源等，而且需要調整和改進的地方在試營業期間都可以實施並得到檢驗。

　　商家是否進行一段時間的「試營業」不重要，但經營者要重視營業初期在外部經營和內部管理方面暴露出的問題，並儘早改善。

## 二、試營業內容策劃

　　試營業的目的非常明確，就是為了保證正式開業的圓滿成功。時間一般為半天或一天即可。試營業時，可以讓顧客自由進入選購，也可以邀請部份嘉賓光顧，憑請柬入場。在試營業後，連鎖店應該用 3～5 天的時間進行總結，對查找出的問題進行重點整改，以利於正式營業的成功。

### 表 13-1-1　連鎖店試營業計劃安排表

| 時間 | 營業內容 |
|---|---|
| 12：20～12：30 | 連鎖店營業人員進入賣場 |
| 12：30～12：45 | 清潔賣場和整理商品 |
| 12：45～12：55 | 各部門例會並進行服務演練 |
| 12：55～13：00 | 各就各位準備營業 |
| 13：00 | 試營業開始 |
| 13：00～13：30 | 貴賓參觀 |
| 13：30～14：30 | 記者招待會 |
| 16：30～18：00 | 晚餐 |
| 19：50～20：00 | 關門預告 |
| 20：00 | 試營業結束 |
| 20：00～20：30 | 結賬及清理賣場 |
| 20：30～21：00 | 安全檢查 |
| 21：00 | 清場下班 |

## 三、試營業期間的注意事項

近年來，試營業蔚然成風，尤其是節假日之際，大批購物中心、百貨商場、專賣店等紮堆試營業，以提高人氣，給正式開業提前預熱。

有一批購物中心、尾貨市場相繼試營業了，不少慕名而來的消費者是來也匆匆去也匆匆。原來商場內超五成營業面積未完工，而

且施工造成的空氣污染、基礎設施不便利等問題突出，導致消費者無法駐足。而另一個尾貨批發城試營業初期，幾乎使得週邊的交通陷於癱瘓狀態，大批的消費者蜂擁而至，但試營業到現在，市場投訴中心幾乎沒有工作，因為他們沒有接到一起消費者投訴的事件。試營業期間一定要注意以下幾個方面。

### 1. 準備必須充分

試營業就像一塊試金石，既試出了商家的責任心，也試出了消費者的信心。但最主要的是讓消費者能夠親身體驗、享受便利服務。

商家必須做好全方位的準備，包括店鋪的管理和商品的充分供給，嘈雜紛亂的購物環境只會扼殺消費者再次進入店內購買的慾望。店鋪內商品的準備充分，以保證充足的商品供給，各類商品的銷售量也能更好地反映出消費者的購買偏好。

### 2. 關注市場反應

這個階段非常重要，正式開業的很多工作計劃可能因為試營業階段的業績狀況而需要作出大幅度的調整。

### 3. 試營業期間一定要每天開會，將每天工作中產生的問題及時解決，並總結工作經驗與方法

一般試營業階段時間定在 8～16 天，但是有效的工作必須讓問題日復一日地減少，所以，試營業期間的會議也應越變越短，讓員工得到更多的休息時間，儲備良好的體能迎接正式開業。

試營業就像一個檢測儀，透過消費者的反應檢測出了企業諸多有待改進和完善的地方，這樣商家才能在正式開業的時候以更加完美的姿態呈現在消費者面前。因為在消費者主導市場的今天，無論什麼樣的商家，最終都必須透過消費者的檢驗。

- 按規章進行試營業。一切活動必須按正式營業的要求進行，按規章行動，不能有絲毫的例外和特殊。連鎖店店員必須服裝整齊，佩戴上崗證，按規定路線行走。
- 提高例會效果。在試營業的例會中，必須讓全體人員明確試營業要達到的目的和規定要求等，以提高員工思想認識和競競業業的工作熱情。
- 查找問題。在試營業過程中，要對出現的問題和環節仔細記錄，並加以註明，以備參考。
- 定崗定員。理貨員和收銀員要各就各位，按照規範的操作程序進行運作，並粗略計算工作量。
- 檢查設備的優良程度。在試營業中，要仔細檢查各種設備運轉情況，安全檢查不能走過場，應一項一項逐一檢查，特別是防火、防盜系統的運行情況，更要認真仔細地檢查。

## 四、必備檢查工作

各種所需物品與商品的檢查。連鎖店開業前，要檢查營業所用的各種必備用品是否齊全。這些物品包括貨架、冷氣機、電腦、冷藏櫃、收銀機、名片、店章，以及為開張所準備的各種促銷物品和商品。各種所要出售的商品是否已經全部採購齊全，所賣商品是否已經全部上架，商品是否在倉庫儲備齊全。

對於這些物品和商品，開張前一定要仔細檢查，以免有所疏漏，給連鎖店開張和營業帶來不必要的麻煩。

水、電、冷氣機等設備的檢查。在檢查完各種物品的到貨狀況

後，接著就要檢查一些常用設備的功能狀況是否運行良好，供水設備是否正常，水質狀況如何，供電設備是否運行良好，各種製冷設備的運行情況等，這些設備運行的好壞直接影響到連鎖店的營業成果，同時也會影響到顧客對連鎖店的評價。

　各崗位人員的檢查。開業前必須對全部人員進行一次全面檢查，檢查項目包括：營業人員到位情況，營業人員的儀表儀容，營業人員的行為舉止，營業人員的銷售用語能力，營業人員的禮貌用語情況等。對人員的檢查非常重要，因為營業人員代表了連鎖店的形象，其禮儀、用語、舉止等都會影響連鎖店形象，進而影響顧客的購買決策，所以應要求營業人員在上述方面做到統一和規範。

# 第二節　新開店的工作計劃項目

## 表 13-2-1　開店計劃流水表

| 距開業天數 | 應完成日期 | 工作要項 | 執行單位 | 責任人 | 完成確認 |
|---|---|---|---|---|---|
| 裝修前一個月 | | 外裝修（招牌）申請登記和裝修設計的消防備案 | 連鎖門店 | 店長 | |
| 30 | | 1. 廣告手續的申請辦理 | 品牌運營中心 | 媒介推廣專員 | |
| | | 2. 新店所需人員的統籌與配置 | 人力資源部 | 人力資源專員 | |
| 25 | | 新店人員的籌備、確定 | 人力資源部 | 人力資源專員 | |
| 21 | | 確定新店開業所需商品結構、商品款式及各商品的數量 | 監控部 | 各品類主管 | |
| 20 | | 電話號碼的確認 | 連鎖門店 | 店長 | |
| 16 | | 各項企劃用品、宣傳物料的籌備與製作 | 品牌運營中心 | 策劃專員 | |
| 15 | | 員工宿舍的租賃確認 | 連鎖門店 | 店長 | |
| | | 新店配置人員的培訓 | 培訓部 | 培訓部經理 | |
| | | 3. 運營設備、各種物品的準備（總部） | 行政部 | 資產管理專員 | |
| 14 | | 賣場各類設備安裝規劃與設計 | 品牌運營中心 | 設計師 | |
| 13 | | 做好對商品、禮品、用品的存放位置的合理規劃 | 連鎖門店 | 店長 | |

續表

| | | | | | |
|---|---|---|---|---|---|
| 12 | | 新居所需物品/商品清點、分類、打包 | 儲運部 | 儲運部經理 | |
| 10～15 | | 工商營業執照的申請辦理 | 連鎖門店 | 店長 | |
| 10 | | 落實食宿問題,並對門店內外及週圍環境作初步的瞭解 | 連鎖門店 | 店長 | |
| 8 | | 新店需自行準備的物品及設備的購買、落實 | 連鎖門店 | 店長 | |
| 7～10 | | 店面成員到崗,瞭解、熟悉當地市場行情、競爭及新店環境情況 | 連鎖門店 | 店長 | |
| 7 | | 申請開業的拱門安裝 | 連鎖門店 | 店長 | |
| | | 統計門店所必需的一切欠缺品,並一次性購齊 | 連鎖門店 | 店長 | |
| | | 門店衛生的整理 | 連鎖門店 | 店長 | |
| | | 4.物品、商品的配送、到位 | 儲運部 | 儲運部經理 | |
| | | 5.開業方案的制定 | 行銷企劃部 | 策劃專員 | |
| 6 | | 刻公章並辦理法人代碼證書 | 連鎖門店 | 店長 | |
| | | 到銀行辦理開戶手續並申請銀聯POS機 | 連鎖門店 | 店長 | |
| 4 | | 各項設備的安裝、調試,各類物品的擺放 | 連鎖門店 | 店長 | |
| 3 | | 開業慶典所需花籃的預定 | 連鎖門店 | 店長 | |
| | | 商品上架 | 連鎖門店 | 店長 | |
| 2～7 | | 跨街橫幅、燈箱、旗杆廣告的啟動 | 行銷企劃部 | 策劃專員 | |
| 2～3 | | 做好各項工作的統籌與安排,合理安排人員,落實到人,分工協作 | 連鎖門店 | 店長 | |

# 第三節　連鎖店的開幕慶祝

## 一、開業典禮流程

連鎖店開業典禮，包括儀式和店堂的正式營業兩部份，按表 13-3-1 所示的流程進行。

### 表 13-3-1　連鎖店開業典禮程序安排表

| 時間 | 內容 |
|---|---|
| 8：30～8：40 | 店員進入賣場 |
| 8：40～9：00 | 清潔賣場、整理商品 |
| 9：00～9：20 | 各部舉行例會，並進行儀錶檢查 |
| 9：20～9：30 | 各就各位，準備開業 |
| 9：30～9：55 | 連鎖店的店長及主管巡視檢查 |
| 9：55～10：00 | 行政部門進行典禮前的最後準備，來賓就位 |
| 10：00 | 開業典禮開始：致詞、剪綵 |
| 11：30～13：00 | 午餐 |

## 二、開業典禮的儀式

在選擇開業典禮時，要考慮如何建立連鎖店企業的良好形象。

### 表 13-3-2　連鎖店開業常用形式表

| 形式 | 活動內容 | 優點 | 缺點 |
|---|---|---|---|
| 一般開業典禮 | 致辭與剪綵 | 易於控制、操作費用少 | 公關作用較差，消費者不易參與 |
| 公關型開業典禮 | 現場服務諮詢、贊助公益事業、演出、消費者聯歡等 | 新聞宣傳報導、易造成轟動效應 | 安全不易控制、不易排除隱患 |
| 實惠型開業典禮 | 無正式開幕式，可以用酬賓、特賣、抽獎等來代替 | 省卻費用、消費者易參與、比較實惠 | 傳播作用較弱 |

## 三、開業典禮儀式的準備

選擇那種形式的開業典禮，要根據連鎖店的規模，進行精心的準備工作。主要做好以下幾項重點工作：

· 邀請嘉賓。嘉賓的構成和出席率是開業典禮是否成功的重要因素。連鎖店開業邀請的嘉賓應是在業內有影響的人物，社區居委會成員、工商、環保、稅收等部門的人員都是邀請的對象，請柬要在一週前發出。他們的參與，一是在業內有影響；二是他們有評價、批准、評判和傳播的作用。如果是名

人就要提前預約。

· 開業程序。開業的程序主要是：宣佈典禮開始、介紹到場來賓、開幕詞、歡迎詞、來賓賀詞、剪綵、進店。事先確定好賀詞人員，並準備簡短的發言稿；剪綵人員也需要事先確定好。

· 現場佈置。開業典禮現場一般選在店前舉行。事先確定好各種迎賓人員、接待員、管理員。客人簽到、收取禮金、發放贈品、來賓休息、就餐等事項必須妥善安排。剪綵、攝影、播音、音樂等提前交給專門人員負責。

## 四、開業日期、開業地點選擇

### 1. 開業日期

既是假日又是週末的日期，是首選，兼顧當地風俗習慣；

關注天氣預報，提前向氣象部門諮詢近期天氣情況，選擇晴朗天氣；

開始時間避免過早或過晚，選擇安排在人流量最多的時間。

### 2. 開業慶典地點

可在戶外廣場搭棚，以活動方式進行開業慶典及促銷宣傳；

若條件不允許，則在連鎖店內進行開業慶典，主要以橫幅廣告、散發傳單方式進行。

# 五、嘉賓邀請規範

## 1. 確定邀請的對象

⑴邀請企業營業部門主管及經銷商參加,以提高可信度;

⑵邀請行業部門主管主管,以提升檔次和可信度;

⑶邀請當地相關單位來參加,以獲取支持;

⑷如有可能,邀請當地工商、稅務、技監等相關政府職能部門相關主管也參加,以獲取支持。

## 2. 確定邀請方式:電話、傳真、發請柬等

邀請及確認工作應提前一週完成。

注意入口處要有專門迎賓人員;開業當天要注意現場內外的氣氛把控和造勢,包括音樂、燈光、廣播等;特別注意主持人臨場的把控能力和措辭,以及各種公佈牌的使用及人力的安排調動;做好緊急事件應急處理方案的制訂和處理,如盜竊、火災場景的出現等;邀請朋友的到場確認。

開業慶典活動流程,如表 13-3-3 所示:

## 表 13-3-3 開業慶典活動流程示例(戶外慶典)

| 時間 | 事項 | 執行部門 | 負責人 | 備註 |
|------|------|----------|--------|------|
| 7:00 | 舞台搭建完畢 | 連鎖店 | | |
| | 佈置賣場外桌椅、條幅、茶水 | 連鎖店 | | |
| 8:00 | 劃出開業剪綵儀式範圍 | 連鎖店 | | |
| 8:30 | 所有人員到位 | 連鎖店 | | |
| 8:45 | 音響到位 | 連鎖店 | | |
| 8:58 | 開始放音樂,舞獅隊開始表演,彩帶到位,禮儀小姐到位,全體員工到連鎖店外排好隊伍 | 連鎖店 | | |
| 9:00 | 主管到來,安排入座休息 | 總經辦 | | |
| 9:08 | 請公司主管講話及所在地區主管等致詞 | 總經辦 | | |
| 9:18 | 剪綵儀式開始 | 相關部門 | | |
| 9:25 | 宣佈開業典禮結束,員工入店,各就各位 | 連鎖店 | | |
| 9:30 | 正式營業 | 連鎖店 | | |
| 9:35 | 抽獎活動開始 | 連鎖店 | | |
| | 踴躍購買的場景(組織人員襯托氣氛) | 連鎖店 | | |
| | | | | |

## 六、開業慶典作業檢查

### 表 13-3-4　開業慶典作業檢查表

| 店開業日期：　　　年　　　月　　　日 | | | | | | |

| 檢查單位：專賣店 | | | 檢查日期：　　　年　　　月　　　日 | | | |

| 序號 | 工作項次 | 檢查人 | 實際完成日期 | 合格 | 不合格 | 備註 |
|---|---|---|---|---|---|---|
| 1 | 店內樣燈的清潔 | | | | | |
| 2 | 店外招牌清潔 | | | | | |
| 3 | 店外地板清潔 | | | | | |
| 4 | 店外(玻璃)牆面清潔 | | | | | |
| 5 | 店內地板清潔 | | | | | |
| 6 | 店內(玻璃)牆面清潔 | | | | | |
| 7 | 商品展台、展架清潔 | | | | | |
| 8 | 休息區清潔 | | | | | |
| 9 | 收款台清潔 | | | | | |
| 10 | 工作間清潔 | | | | | |
| 11 | 體驗室清潔 | | | | | |
| 12 | 標價卡、標價簽、價格表 | | | | | |
| 13 | 人員制服清潔與準備 | | | | | |
| 14 | 慶典人員定崗與分工 | | | | | |
| 15 | 參加慶典嘉賓確認 | | | | | |

（表格上方檢查結果欄位包含「合格」「不合格」兩子欄）

續表

| 店開業日期：　　　年　　月　　日 |||||||
|---|---|---|---|---|---|---|

| 檢查單位：專賣店 |||| 檢查日期：　　　年　　月　　日 |||

| 序號 | 工作項次 | 檢查人 | 實際<br>完成日期 | 檢查結果 || 備註 |
|---|---|---|---|---|---|---|
| | | | | 合格 | 不合格 | |
| 16 | 迎送賓曲 | | | | | |
| 17 | 致辭文稿 | | | | | |
| 18 | 紅地毯 | | | | | |
| 19 | 音響設備、麥克風及支架 | | | | | |
| 20 | 照相及攝像設備 | | | | | |
| 21 | 送嘉賓的禮品（備選） | | | | | |
| 22 | 條幅 | | | | | |
| 23 | 花籃 | | | | | |
| 24 | 氣球、拱門 | | | | | |
| 25 | 零鈔準備 | | | | | |
| 26 | 宣傳資料 | | | | | |
| 27 | 表格（發票、銷貨憑證、送貨單、顧客資料登記表等） | | | | | |
| 28 | 桌子 | | | | | |
| 29 | 椅子 | | | | | |
| 30 | 線路檢查 | | | | | |

## 七、開業前日準備工作規範

(1)召開全員工作和動員大會,安排開業第一天的現場人員和佈置;

(2)檢查商品陳列是否到位,連鎖店庫存是否充實;

(3)促銷禮品是否到位,陳列區域是否熟悉;

(4)燈具、冷氣機、DVD、電視機等所有電器全部打開測試 4～5 小時;

(5)電腦作業系統與網路測試,印表機列印銷售小票和其他單據是否正常,電話是否能正常使用;

(6)捲簾門是否能正常開閉,防盜器是否工作正常;

(7)頂燈上需用的 POP 牌和價格牌是否全部懸掛;

(8)對過道的寬窄度結合實際情況進行最後的設置;

(9)表格、禮品、宣傳資料等各項開業活動物品是否全部配發到位;

(10)如需燃放鞭炮或掛條幅,需先向建材部門確認。

# 第四節　新店媒體推廣策略

連鎖業可以選擇的媒體有多種，各有優劣。一般來說，在不同的階段，媒體的選擇要有所側重，這樣既不會花過多的廣告費，又能使信息傳播相對集中。一般來說，大型連鎖店開業前期主要採用報紙新聞、記者招待會、招商發佈會等方式來預熱。到開業前 30 天，全面啟動電視、報紙、電台三大主要媒體，將企業即將盛裝開業的信息告訴消費者。

考慮到媒體效果，開業廣告一般適合選用路牌、人戶傳單等媒體，小範圍、高密度地進行信息傳播。路牌廣告必須設置在商圈範圍內，傳單可直接送到居民家中。印製一定數量的宣傳單，把連鎖店的經營品種、開業時間以及開業期間的促銷活動告訴消費者，與消費者進行面對面的宣傳。如果情況允許，在城區主要幹道懸掛橫幅，在主要十字路口懸掛氫氣球，內容主要是與企業形象宣傳和開業促銷有關的信息。開業當天邀請樂隊演奏（歌曲要求積極向上，具有較強的感染力），為開業助興，吸引客源；將供應商的祝賀條幅淩空懸掛，顯示公司與供應商融洽、團結；租賃一些汽車，並加以裝飾，以新的、炫目的形象在市區主要街道來回穿行二天，同時在車上進行廣播宣傳，將開業信息和商店的概況傳達給消費者等。

# 第五節　開幕活動的宣傳內容

## 一、媒體造勢階段

· 時間。某年某月某日至某月某日。

· 策略。借助各媒體的宣傳攻勢，吸引消費者的注意力，同時
與消費者展開溝通。

· 合作媒體：報紙：活動廣告＋宣傳文章；電視：活動廣告；
電臺：活動廣告＋專欄。

· 具體內容。

### 1. 報紙廣告。

⑴擬訂報紙廣告詞內容，在當地老百姓最愛看的報紙上刊登，
並將獎項設置數目刊登到該報上。

⑵擬訂刊物廣告詞內容，並在當地流行的刊物上刊登。

⑶擬訂宣傳文章內容，介紹連鎖店的發展之路，所獲成就。主
要敘述連鎖店完美的供貨管道，優惠、超值的商品，先進的管理模
式，優良的服務，愉悅的購物環境等。

### 2. 電視廣告字幕。

擬訂電視廣告遊走字幕內容，連續幾天在電視中以字幕形式出
現在視頻下端，並把顧客參與活動就送大獎、免費贈會員卡、禮品
等的承諾寫進字幕中。

### 3. 電臺廣告（活動廣告＋專欄）。

(1)擬訂廣告詞在電臺上播出。

(2)做活動廣告進行宣傳。

(3)開設專欄：在某一時段以專欄的形式刊登店慶活動主題和活動內容及獎勵數額，吸引顧客參與。

## 二、正式活動階段

· 時間。2019 年 12 月 18 日至 12 月 19 日。

· 策略。將媒體宣傳與現場活動有機結合，營造連鎖店某週年店慶活動的熱烈氣氛，吸引眾多消費者關注的目光。同時，在此次活動中埋下伏筆，使參與此次活動的消費者產生這樣的心理：「在期間內要光臨該連鎖店，可能會有驚喜出現！」

為保證活動的效果，必須將媒體造勢階段活動、某月某日至某日店慶活動、某黃金週活動整合在一起，以保證消費者持續對連鎖店產生高關注度，進而順利地將關注此次活動的消費者轉化為連鎖店的忠誠顧客。

報紙廣告：活動廣告+感受連鎖店/金點子行動告知消息。

電視廣告：活動廣告＋電視宣傳片。

電臺廣告：活動廣告＋專欄（延續上階段內容）。

DM：活動廣告。

· 具體內容。

### 1. 報紙廣告。

廣告詞內容：某連鎖店某週年店慶活動，凡於某月某日至某月

某日憑會員卡購物滿 18 元以上的消費者，即可獲「幸運大抽獎」的機會；普通消費者購物滿 38 元即可獲得同樣的機會。

抽獎日期：某年某月某日至某月某日。

抽獎時間：每天上午 10：00-12：00。

獎項設置：

一等獎(1 人)：價值約 1000 元的獎品。

二等獎(2 人)：價值約 500 元/人的獎品。

三等獎(5 人)：價值約 100 元人的獎品。

四等獎(10 人)：價值約 50 元/人的獎品。

五等獎(20 人)：價值約 10 元/人的獎品。

(某月某日《某某報刊》1/4 版、某日《某報刊》1/2 版)

### 2.電視廣告。

(1)活動廣告(遊走字幕)內容：某連鎖店某週年店慶活動，凡於某月某日至某月某日憑會員卡購物滿 18 元以上的消費者，即可獲「幸運大抽獎」的機會；普通消費者購物滿 38 元即可獲得同樣的機會。獎品豐厚，機會多多，詳見連鎖店海報(遊走字幕：某月某日至某日)。

(2)連鎖店某週年店慶活動，某月某日至某月某日在連鎖店購物有驚喜，詳見店堂海報(遊走字幕：某月某日至某日)。

(3) 1 分鐘宣傳片：介紹某連鎖店的發展之路，所獲成就，完美的供貨管道帶給消費者以超值商品，先進的管理模式帶給消費者愉悅的購物環境等。

### 3.電臺廣告

(1)活動廣告：某連鎖店某週年店慶活動，凡於某月某日至某月

某日憑會員卡購物滿 18 元以上的消費者，即可獲「幸運大抽獎」的機會；普通消費者購物滿 38 元即可獲得同樣的機會。獎品豐厚，機會多多，詳見連鎖店海報（遊走字幕：某月某日至某日）。

(2)開設專欄，延續第一階段內容。

### 4. DM。

(1)某連鎖店某週年店慶活動，凡於某月某日至某月某日憑會員卡購物滿 18 元以上的消費者，即可獲「幸運大抽獎」的機會；普通消費者購物滿 38 元即可獲得同樣的機會。抽獎日期及獎項設置同上）。

(2)介紹某連鎖店的發展之路，所獲成就，完美的供貨管道帶給消費者以超值商品，先進的管理模式帶給消費者愉悅的購物環境等。

(3)特價商品表。

### 5. 宣傳具體內容

· 某月某日某週年店慶日。

1. 策略：店慶活動本身不能吸引消費者前來購物，吸引消費者的仍是其對連鎖店的感受以及活動提供給消費者的各種「利益點」。因此，店慶日活動簡潔即可，不必鋪張浪費。

2. 活動內容：選擇部份供應商於店慶日在門前舉行適當規模的促銷活動。

3. 現場佈置：

(1)在連鎖店輻射商圈內懸掛 10-20 條過街橫幅。

(2)活動現場：現場主題巨幅海報、升空氣球、垂幅、宣傳展板、牆體垂幅、POP 等（文字略）。

# 第六節　開業促銷活動設計與實施

## 一、開業促銷活動準備工作

(1)促銷企劃方案的準備。要想制定有效的開業促銷方案，必須對商圈範圍內的具體情況進行詳細的調查。調查的重點有商圈收入水準、商圈生活水準、消費者購買模式、競爭者促銷動態等。在詳細瞭解上述因素的基礎上就可以設計開業促銷活動方案，這樣可使促銷方案的設計具有針對性和有效性，達到「一擊必中」的效果。

(2)促銷商品的準備。連鎖店的大多數促銷活動都可以使商品銷量大幅度增加，而促銷方法目前以商品特賣最具效果，因此連鎖店業績與廠商的配合有較高的依存關係。連鎖店事先應與廠商會談，取得廠商的積極配合，要派專人與各供應商就商品數量、品質、價格、供貨時間等問題進行協商，並取得支持，保證及時、充足地供貨。

(3)廣告宣傳的準備。連鎖店促銷運用的促銷媒體很多，要充分準備、及時發放。例如，最常用的媒體宣傳單，印製特價商品目錄，常配有彩色商品圖形，放在賣場中效果極佳。宣傳單在完稿前，應召集營業部、商品部有關人員確認促銷商品的品種、價格等，才能發包印製。再如 POP 廣告，為了使手繪的 POP 廣告統一、保證廣告品質，可以統一廣告大小、規範數字和字體。

(4)對工作人員進行有效的崗前培訓。連鎖店的工作人員承擔著

上貨、理貨、介紹、引導、收銀等工作，這些工作的品質如何將直接影響到顧客對連鎖店服務水準的感知。感知品質高，則會提高顧客滿意度，進而使普通顧客向忠誠型顧客轉變；反之，則會使連鎖店失去顧客的支持。這一點對於剛剛開業的連鎖店尤為重要。所以，一定要對新上崗的工作人員進行充分而有效的崗前培訓，使其達到服務的高水準。

## 二、開業促銷方案的具體內容

主要包括以下幾個方面的內容：明確促銷的目的，選擇有效的促銷商品，選擇合適的促銷手段，選擇有效的促銷媒體。

對於剛剛開業的連鎖店而言，促銷的最大目的就是營造一種人氣和商氣，讓顧客感知連鎖店高品質服務和商品，使其盡可能成為連鎖店的常客。有效的促銷活動同樣離不開合適的促銷商品，促銷商品的選擇一定要考慮商圈範圍內顧客的消費習慣和重點關心的商品。

開業促銷所選擇的商品以消費者日常消費和關心的商品為主。同樣，有效的促銷手段是促銷取得良好效果的另一利器，打折、特價、買贈等都是消費者非常喜歡的促銷手段，所以連鎖店在選擇開業促銷手段的時候，應根據商圈內消費者喜好而定。有效的促銷媒體則是保證商圈內的顧客得知連鎖店新開業並開展優惠大促銷的關鍵。傳播媒體運用得好，則會使商圈內的顧客最大限度地得知信息。

## 三、開業促銷方案的實施

### ⑴審理促銷方案。

在審理促銷方案時，應對商圈內競爭店、消費者、收入水準等情況進行評估，不可草率行事。促銷部門為確認促銷做法的有效性及獲得有關部門的配合推動，應召開促銷會議。邀請營業部、商品部相關人員與會討論，對促銷活動主題、時間、重點商品及品種、媒體選擇與運用、供貨廠商配合活動、競爭店促銷活動分析等事項加以確認，以確保促銷活動實施的成效。

### ⑵促銷實施。

作為開業促銷這樣重要的促銷活動，要提前安排好電視或報紙廣告，並保證準確地刊登出來。印製好的宣傳單要在促銷活動開始前 3 天準備好，以利於做好相應的準備工作。具體實施工作主要有：在開業促銷活動前 1 天，將宣傳單分發給商圈內居民，使他們瞭解促銷信息。具體分發方法有：可以提前放於賣場，讓來店顧客自取；可以直接送住戶信箱；也可以在路旁發放。預估促銷期間的商品銷售量，及時訂貨以保證貨物不斷檔，否則會挫傷顧客的購物積極性。根據促銷商品目錄，及時在電腦中完成變價手續。賣場中的商品標籤也要進行更改，避免發生錯收貨款的現象。進行賣場促銷環境的佈置和促銷商品的陳列，形成促銷氣氛，包括張貼海報、設置 POP 等，並把促銷力度較大的商品置於主幹道上，以吸引顧客注意。要對活動效果進行預計，安排保安人員維持秩序，保證顧客的安全。

⑶**實施流程的管理。**

　　開業促銷活動需要對實施的整個流程進行監控和管理，需要連鎖店相關管理者透過檢查表來確保促銷活動實施的品質，為顧客提供良好的服務及達成促銷效果。促銷活動的負責人對每一個步驟都必須進行認真而又細緻的檢查和管理，稍有不慎就會影響促銷活動的效果。

## 四、屈臣氏連鎖店的促銷戰術

　　屈臣氏連鎖店經營的核心產品雖然主要由兩部份構成：其一，是屈臣氏自有品牌：包含化妝品、個人護理用品、日用品以及家居飾品等；其二，代理品牌：包括諸如寶潔、聯合利華、雅芳、強生、妮維雅等一線知名品牌產品。屈臣氏在促銷方面採取不同的招式：

## 表 13-6-1　屈臣氏連鎖店的促銷招式

| 促銷招式 | 具體內容 |
|---|---|
| 超值換購 | 在每一期的促銷活動中,屈臣氏都會推出3個以上的超值商品,在顧客一次性購物滿50元,可以多加10元即可任意選其中一件商品,這些超值商品通常會選擇屈臣氏的自有品牌,所以能在實現低價位的同時又可以保證利潤 |
| 獨家優惠 | 這是屈臣氏經常使用的一種促銷手段,他們在尋找促銷商品時,經常避開其他商家,別出心裁,給顧客更多新鮮感,也可以提高顧客忠誠度 |
| 買就送 | 買一送一、買二送一、買四送二、買大送小;送商品、送贈品、送禮品、送購物券、送抽獎券,促銷方式非常靈活多變 |
| 加量不加價 | 這一招主要是針對屈臣氏的自有品牌產品,經常會推出加量不加價的包裝,用鮮明的標籤標示,以加量33%或加量50%為主,面膜、橄欖油、護手霜、洗髮水、潤髮素、化妝棉等是經常使用的消耗品,對消費者非常有吸引力 |
| 優惠券 | 屈臣氏經常會在促銷宣傳手冊或者報紙海報上出現剪角優惠券,在購買指定產品時,可以給予一定金額的購買優惠,省5元到幾十元都有 |
| 套裝優惠 | 屈臣氏經常會向生產廠家定制專供的套裝商品,以較優惠的價格向顧客銷售,如資生堂、曼秀雷敦、旁氏、玉蘭油等都會常做一些帶贈品的套裝,屈臣氏自有品牌也經常推出套裝優惠。例如,買屈臣氏骨膠原修護精華液一盒69.9元送49.9元的眼部保濕啫喱一隻,促銷力度很大 |

續表

| 促銷招式 | 具體內容 |
|---|---|
| 震撼低價 | 屈臣氏經常推出系列震撼低價商品，這些商品以非常優惠的價格銷售，並且規定每個店鋪必須陳列在店鋪最前面、最顯眼的位置，以吸引顧客 |
| 剪角優惠券 | 在指定促銷期內，一次性購物滿60元（或者100元），剪下促銷宣傳海報的剪角，可以抵6元（或者10元）使用，相當於額外再獲得九折優惠 |
| 購某系列產品滿88元送贈品 | 例如購護膚產品滿88元，或購屈臣氏品牌產品滿88元，或購食品滿88元，送屈臣氏手拎袋或紙手帕等活動 |
| 購物2件，額外9折優惠 | 購指定的同一商品2件，額外享受9折優惠，例如買營養水一隻要60元，買2支的話，一共收108元 |
| 贈送禮品 | 屈臣氏經常也會舉行一些贈送禮品的促銷活動，一種是供應商本身提供的禮品促銷活動，另外一種是屈臣氏自己舉行的促銷活動，如贈送自有品牌試用裝，或者購買某系列產品送禮品裝，或者是當天前30名顧客贈送禮品一份 |
| VIP會員卡 | 屈臣氏在2006年9月開始推出自己的會員卡，顧客只需去屈臣氏門店填寫申請表格，就可立即辦理屈臣氏貴賓卡，辦卡時僅收取工本費一元，屈臣氏會每兩週推出數十件貴賓獨享折扣商品，低至額外8折，每次消費有積分，積分又可換購產品，活動時會有雙倍多倍積分活動，還設立會員專區，促進消費 |

| 促銷招式 | 具體內容 |
|---|---|
| 感謝日 | 最近，屈臣氏舉行為期3天的感謝日小型主題促銷活動，推出系列重磅特價商品，單價商品低價幅度在10元以上 |
| 銷售比賽 | 「銷售比賽」也是屈臣氏一項非常成功的促銷活動，每期指定一些比賽商品，分各級別店鋪(屈臣氏的店鋪根據面積、地點等因素分為A、B、C三個級別)之間進行推銷比賽，銷售排名在前三名的店鋪都將獲得獎勵，每次參加銷售比賽的指定商品的銷售業績都會以奇蹟般的速度增長，不光員工積極，供貨廠家也非常樂意參與這樣有助於銷售的活動 |
| 加1元多一件，買兩件第二件半價 | 加1元，就可以獲得一件商品。方式有兩種，一是加一元送同樣的商品，譬如一件商品是20元，21元即可以買兩件；另一種是加1元送不同的商品。這個促銷活動非常讓顧客心動，但是非常容易讓顧客產生誤會，所以這期促銷活動工作量非常大，除了準備大量的POP、標價牌外，還要列印大量的文字指示，員工要對送同樣商品的產品貼「魚蛋」(小圓標貼)標記。由於近乎買一送一，而且一買是兩件，所以商品的訂貨量非常大。賣場掛著很多黃色圓圈標識，寫有「￥1，多一件」字樣，非常別致，非常引人注目 |
| 利用宣傳字標 | 大量10元、20元、30元新品，獨家、省、折後價、大量精選商品震撼出擊，冠於「購價」、「驚喜價」等宣傳字樣，這一招完全捕捉了消費者心理，覺得10元、20元、30元無所謂，好像非常實惠，一件、兩件、三件，不知不覺「滿載而歸」 |
| 限時搶購新品 | 促銷活動期間，每個店鋪每週抽出一位幸運購物者(以購物小票及抽獎券為憑)，得獎者本人可以在屈臣氏店鋪指定時間進行「掃蕩」(部份指定商品不參與，如藥品)，同樣商品只能拿一件，60秒內拿到的商品只需要用1元錢購買，商品總金額最高不超過5000元 |

# 第七節　（案例）連鎖超市的開業促銷活動

## 一、活動背景

　　零售業正面臨激烈競爭，對××超市來說，××城區市場還是一個陌生市場。根據××店位址及門前特點和開業時間又和鄰近的×× 3 週年店慶相近，開業活動的策劃將直接關係到今後××店的經營是否成功。

## 二、活動目的

　　透過開業活動的運作，在短期內迅速提升××超市在××的品牌知名度和美譽度，為今後的經營打下堅實的基礎。

## 三、活動宣傳

### 1. 媒體宣傳

　　主流媒體：××電視台、××省各大新聞媒體，專文報導。

　　非主流媒體：短信 40000 條，DM 郵報 20000 份，花車、公車廣告。

　　主打廣告語：「××超市、便利為民。」

　　××省「千鎮連鎖超市」形象店隆重開幕。

　　副題：尋找開業幸運金剪刀××超市禮品大風暴。

　　您想成為××超市開業剪綵「幸運金剪刀」嗎？

　　20 日開始：生鮮早市大趕集，低價連連驚喜多(早上 6：30)

電視宣傳：開業前 3 天選擇當地收視率較高的××有線(或無線)電視台，在黃金時段發佈新店開業信息及××的形象宣傳。(預計費用：××××元)

## 2.新聞發佈會

借××店開業之際(於新店開業前，暫定 12 月 15 日)，以新聞發佈會的形式請××市政府部門出面約請××各大新聞媒體記者、各有關部門召開「實施千鎮連鎖」為主題的座談會，以××店是×××超市響應省政府「千鎮連鎖超市」的品牌形象工程為切入點。用新聞報導的形式，整合宣傳××店和×××超市的品牌形象。

邀請相關記者 10 名左右(預計費用：××××元，每人若干金額禮品。不含開業吃飯)。

## 3.過街橫幅

30 條(××城區各社區及店面)費用：600 元/條，共計 18000元。

## 4.公車廣告

投放時間 12 月 5 日至翌年 3 月 5 日，投放公車×輛[由××廣告公司製作。費用：$2300×9×3$ 個月＝$62100$(元)]。

## 5.空飄氫氣球

8 個(550 元/個，城區其他地方 4 個、店門口 4 個)，由××廣告製作施放。費用：$8×550＝4400$(元)。

## 6.後門燈箱

## 7.店外宣傳

店門口慶賀條幅 12 條(600 元)(由××廣告公司製作)。

有關單位慶賀花籃 16 只、盆花 1 盆(600 元)。

開業巨幅 1 塊(3000 元)。

彩色氣球裝飾(專業公司裝飾)(1000 元)。

小彩旗 100 元，紅地毯，39 米×4 米。

拱形門(1 個 18 米)(450～550 元/個)，立柱氣模一對。

小彩燈(800 元)。

設三大活動專區：剪綵區、供應商活動區、開業活動區。

門口 2 個柱子用噴繪寫真(開業活動內容+主打廣告語包住)。

門口設品牌宣傳窗 1 個。

註：結合公司整體聖誕裝飾方案(考慮耶誕節部份的氣氛宣傳)。

## 8. 店內宣傳

主通道懸掛 POP 及彩色氣球；

特價台佈置；

促銷區佈置；

DM 海報 20000 份；

店出口、入口佈置；

扶手梯及側面牆壁佈置；

價格形象牌；

收銀台懸掛彩色氣球；

店門口設 DM 海報信息欄；

店門口設「店長推薦商品」(週末特價)信息欄；

自動電梯中空掛飾；

柱子裝飾。

## 四、開業時間(暫定 2019 年××月××日 7：28 分)

7：00 場景佈置完畢

7：10 調試音響(供應商提供)

7：12 播放音樂

7：20　4 名禮儀小姐開始迎賓(由連鎖店提供、行銷部培訓)

7：20 員工門口列隊(早例會，總經理宣佈正式開業)

7：28 施放禮筒 60 個(行銷部、連鎖店)

7：30～10：30 舞獅隊表演(南獅一對)(辦公室)

## 五、促銷活動

### (一)主打促銷活動

開業運作力求新穎、簡約、熱鬧、轟動。

### 1.尋找開業幸運金剪刀，××超市禮品大風暴

活動時間：2019 年 12 月 18 日至 19 日。

⑴活動廣告：

××省「千鎮連鎖超市」×××形象店隆重登陸××。

××超市××店真誠尋找開業剪綵「幸運金剪刀」。

你想成為××超市開業剪綵「幸運金剪刀」嗎？

808 名幸運金剪刀機會等著您 18000 份幸運禮品等著你！

⑵活動方式：

　凡在開業頭二天活動期間光臨××超市的顧客朋友，購物滿 25 元，憑當天活動小票均可參加抽禮品一次；購物滿 50 元，

可抽禮品 2 次；購物滿 80～149 元以上，可抽禮品 3 次；購物滿 150 元以上的抽禮品 4 次，280 元以上的抽禮品 5 次。單張小票限抽禮品 5 次。

(3)禮品設置：

幸運金剪刀 8 名：

華聯紅包：現金券 1000 元/人＋價值 30 元的會員卡一張。

幸運銀剪刀 200 名：

金龍魚油 1 瓶(價值 42 元)/名＋價值 30 元的會員卡一張。

幸運銅剪刀 600 名：

高級摺傘一把(價值 8 元)＋價值 30 元的會員卡一張。

歡樂金剪刀 1200 名：

洗衣粉一袋(價值 3 元)＋價值 30 元的會員卡一張。

開心金剪刀 6295 名：

捲桶紙一隻(價值 1.4 元)。

(4)具體操作：

連鎖店在活動現場設台派專人負責禮品發放、現場秩序維護，活動抽獎箱、獎券等道具由行銷部提供。

## 2. 低價有價情無價、2000 只開業獻禮價

活動時間：2019 年 12 月 18 日至 29 日

(1)活動方式：

每日採用以 10 個生鮮商品為切入點，超低驚爆價形式做好低價形象氣氛的營造。

商品分佈：生鮮商品 50 個，服裝、箱包、鞋帽 50 個，各大類低價促銷商品 200 種，連鎖店再選擇 2000 個左右的商品貼

上爆炸貼，營造低價氣氛。

(2)具體操作：

活動道具(開業獻禮價爆炸貼，2000 張、超低驚爆價卡片、60 個端頭 POP 紙、低價商品 POP3000 張、新品推薦商品卡片 500 張)由行銷部製作提供。

由連鎖店店長再根據市調的實際情況，確定具體商品並貼在相應的商品上。

## (二)門口供應商場外配合的促銷活動(業務部聯繫 10 家)

## (三)整合的各供應商活動：服裝、洗滌類

### 1.洗滌類供應商活動

活動主題：超值 1、2、3，輕鬆來換購

活動時間：2019 年 12 月 18 日至 19 日活動方式：

凡在開業當天活動期間光臨××超市的顧客朋友購物滿 25 元，憑當天活動小票均可參加超值換購一次：

加 1 元換取價值××元的××商品；加 2 元換取價值××元的××商品；加 3 元換取價值××元的××商品。該活動全部費用由供應商負責。

### 2.服裝類供應商活動

活動主題：「購物滿百大衝刺，冬日暖流大放送」

活動時間：2019 年 12 月 18 日至 23 日

活動方式：凡在開業當天活動期間光臨××超市的顧客朋友，在服裝區購物滿 100 元至 199 元的，憑當天電腦小票送 30 元購物券一張；購物滿 200 元至 299 元的，憑當天電腦小票送 70 元購物券一張；購物滿 300 元以上的，憑當天電腦小票送 100

元購物券一張。

購物券使用：可購買商場的任何商品，購物券費用在活動結束後由××店直接和供應商結算，全部費用由供應商負責。

## 六、活動費用

活動媒體宣傳廣告製作費用×××××元左右。

活動費用×××××元左右。

## 七、活動細則說明

所有換購商品數量有限，換完為止。

所有贈品、獎品不能退貨或折現。

嚴禁本公司內部員工參加此次促銷活動。

獲獎名單在產生後公佈張貼在超市門口的信息欄上。

在活動期間做好開業時的安全保衛工作。

本公司對此次活動有最終解釋權。

## 八、×××店開業後的幾點行銷策略構想

⑴第二波，耶誕節、元旦活動，即 2019 年 12 月 25 日作為開業慶典活動的第二波。主題：用「耶誕節、元旦大狂歡，××會員大連動」拉動目標顧客群。

⑵第三波，春節前，即 2020 年 1 月 18 日，用「滿月酬賓酒」的形式作為開業慶典活動後的第三波，提前做旺春節市場。

# 臺灣的核心競爭力，就在這裏！

## 圖 書 出 版 目 錄

　　憲業企管顧問（集團）公司為企業界提供診斷、輔導、培訓等專項工作。下列圖書是由臺灣的憲業企管顧問（集團）公司所出版，自 1993 年秉持專業立場，特別注重實務應用，50 餘位顧問師為企業界提供最專業的經營管理類圖書。

　　選購企管書，敬請認明品牌：**憲 業 企 管 公 司**。

1.傳播書香社會，直接向本出版社購買，一律 9 折優惠，郵遞費用由本公司負擔。服務電話(02) 27622241　(03) 9310960　　傳真 (03) 9310961
2.付款方式：請將書款轉帳到我公司下列的銀行帳戶。
　‧銀行名稱：合作金庫銀行（敦南分行）　帳號：**5034-717-347447**
　　公司名稱：憲業企管顧問有限公司
　‧郵局劃撥號碼：**18410591**　郵局劃撥戶名：憲業企管顧問公司

3.圖書出版資料每週隨時更新，請見網站 www.bookstore99.com

### 經營顧問叢書

| | | | | | |
|---|---|---|---|---|---|
| 25 | 王永慶的經營管理 | 360 元 | 122 | 熱愛工作 | 360 元 |
| 47 | 營業部門推銷技巧 | 390 元 | 125 | 部門經營計劃工作 | 360 元 |
| 52 | 堅持一定成功 | 360 元 | 129 | 邁克爾‧波特的戰略智慧 | 360 元 |
| 56 | 對準目標 | 360 元 | 130 | 如何制定企業經營戰略 | 360 元 |
| 60 | 寶潔品牌操作手冊 | 360 元 | 135 | 成敗關鍵的談判技巧 | 360 元 |
| 72 | 傳銷致富 | 360 元 | 137 | 生產部門、行銷部門績效考核手冊 | 360 元 |
| 78 | 財務經理手冊 | 360 元 | 139 | 行銷機能診斷 | 360 元 |
| 79 | 財務診斷技巧 | 360 元 | 140 | 企業如何節流 | 360 元 |
| 86 | 企劃管理制度化 | 360 元 | 141 | 責任 | 360 元 |
| 91 | 汽車販賣技巧大公開 | 360 元 | 142 | 企業接棒人 | 360 元 |
| 97 | 企業收款管理 | 360 元 | 144 | 企業的外包操作管理 | 360 元 |
| 100 | 幹部決定執行力 | 360 元 | | | |

| 146 | 主管階層績效考核手冊 | 360 元 |
|---|---|---|
| 147 | 六步打造績效考核體系 | 360 元 |
| 148 | 六步打造培訓體系 | 360 元 |
| 149 | 展覽會行銷技巧 | 360 元 |
| 150 | 企業流程管理技巧 | 360 元 |
| 152 | 向西點軍校學管理 | 360 元 |
| 154 | 領導你的成功團隊 | 360 元 |
| 155 | 頂尖傳銷術 | 360 元 |
| 160 | 各部門編制預算工作 | 360 元 |
| 163 | 只為成功找方法，不為失敗找藉口 | 360 元 |
| 167 | 網路商店管理手冊 | 360 元 |
| 168 | 生氣不如爭氣 | 360 元 |
| 170 | 模仿就能成功 | 350 元 |
| 176 | 每天進步一點點 | 350 元 |
| 181 | 速度是贏利關鍵 | 360 元 |
| 183 | 如何識別人才 | 360 元 |
| 184 | 找方法解決問題 | 360 元 |
| 185 | 不景氣時期，如何降低成本 | 360 元 |
| 186 | 營業管理疑難雜症與對策 | 360 元 |
| 187 | 廠商掌握零售賣場的竅門 | 360 元 |
| 188 | 推銷之神傳世技巧 | 360 元 |
| 189 | 企業經營案例解析 | 360 元 |
| 191 | 豐田汽車管理模式 | 360 元 |
| 192 | 企業執行力（技巧篇） | 360 元 |
| 193 | 領導魅力 | 360 元 |
| 198 | 銷售說服技巧 | 360 元 |
| 199 | 促銷工具疑難雜症與對策 | 360 元 |
| 200 | 如何推動目標管理（第三版） | 390 元 |
| 201 | 網路行銷技巧 | 360 元 |
| 204 | 客戶服務部工作流程 | 360 元 |
| 206 | 如何鞏固客戶（增訂二版） | 360 元 |
| 208 | 經濟大崩潰 | 360 元 |
| 215 | 行銷計劃書的撰寫與執行 | 360 元 |
| 216 | 內部控制實務與案例 | 360 元 |
| 217 | 透視財務分析內幕 | 360 元 |
| 219 | 總經理如何管理公司 | 360 元 |
| 222 | 確保新產品銷售成功 | 360 元 |
| 223 | 品牌成功關鍵步驟 | 360 元 |
| 224 | 客戶服務部門績效量化指標 | 360 元 |

| 226 | 商業網站成功密碼 | 360 元 |
|---|---|---|
| 228 | 經營分析 | 360 元 |
| 229 | 產品經理手冊 | 360 元 |
| 230 | 診斷改善你的企業 | 360 元 |
| 232 | 電子郵件成功技巧 | 360 元 |
| 234 | 銷售通路管理實務〈增訂二版〉 | 360 元 |
| 235 | 求職面試一定成功 | 360 元 |
| 236 | 客戶管理操作實務〈增訂二版〉 | 360 元 |
| 237 | 總經理如何領導成功團隊 | 360 元 |
| 238 | 總經理如何熟悉財務控制 | 360 元 |
| 239 | 總經理如何靈活調動資金 | 360 元 |
| 240 | 有趣的生活經濟學 | 360 元 |
| 241 | 業務員經營轄區市場（增訂二版） | 360 元 |
| 242 | 搜索引擎行銷 | 360 元 |
| 243 | 如何推動利潤中心制度（增訂二版） | 360 元 |
| 244 | 經營智慧 | 360 元 |
| 245 | 企業危機應對實戰技巧 | 360 元 |
| 246 | 行銷總監工作指引 | 360 元 |
| 247 | 行銷總監實戰案例 | 360 元 |
| 248 | 企業戰略執行手冊 | 360 元 |
| 249 | 大客戶搖錢樹 | 360 元 |
| 252 | 營業管理實務（增訂二版） | 360 元 |
| 253 | 銷售部門績效考核量化指標 | 360 元 |
| 254 | 員工招聘操作手冊 | 360 元 |
| 256 | 有效溝通技巧 | 360 元 |
| 258 | 如何處理員工離職問題 | 360 元 |
| 259 | 提高工作效率 | 360 元 |
| 261 | 員工招聘性向測試方法 | 360 元 |
| 262 | 解決問題 | 360 元 |
| 263 | 微利時代制勝法寶 | 360 元 |
| 264 | 如何拿到 VC（風險投資）的錢 | 360 元 |
| 267 | 促銷管理實務〈增訂五版〉 | 360 元 |
| 268 | 顧客情報管理技巧 | 360 元 |
| 269 | 如何改善企業組織績效〈增訂二版〉 | 360 元 |
| 270 | 低調才是大智慧 | 360 元 |

| 272 | 主管必備的授權技巧 | 360 元 |
|---|---|---|
| 275 | 主管如何激勵部屬 | 360 元 |
| 276 | 輕鬆擁有幽默口才 | 360 元 |
| 278 | 面試主考官工作實務 | 360 元 |
| 279 | 總經理重點工作（增訂二版） | 360 元 |
| 282 | 如何提高市場佔有率（增訂二版） | 360 元 |
| 283 | 財務部流程規範化管理（增訂二版） | 360 元 |
| 284 | 時間管理手冊 | 360 元 |
| 285 | 人事經理操作手冊（增訂二版） | 360 元 |
| 286 | 贏得競爭優勢的模仿戰略 | 360 元 |
| 287 | 電話推銷培訓教材（增訂三版） | 360 元 |
| 288 | 贏在細節管理（增訂二版） | 360 元 |
| 289 | 企業識別系統 CIS（增訂二版） | 360 元 |
| 290 | 部門主管手冊（增訂五版） | 360 元 |
| 291 | 財務查帳技巧（增訂二版） | 360 元 |
| 293 | 業務員疑難雜症與對策（增訂二版） | 360 元 |
| 295 | 哈佛領導力課程 | 360 元 |
| 296 | 如何診斷企業財務狀況 | 360 元 |
| 297 | 營業部轄區管理規範工具書 | 360 元 |
| 298 | 售後服務手冊 | 360 元 |
| 299 | 業績倍增的銷售技巧 | 400 元 |
| 300 | 行政部流程規範化管理（增訂二版） | 400 元 |
| 302 | 行銷部流程規範化管理（增訂二版） | 400 元 |
| 304 | 生產部流程規範化管理（增訂二版） | 400 元 |
| 305 | 績效考核手冊(增訂二版) | 400 元 |
| 307 | 招聘作業規範手冊 | 420 元 |
| 308 | 喬・吉拉德銷售智慧 | 400 元 |
| 309 | 商品鋪貨規範工具書 | 400 元 |
| 310 | 企業併購案例精華（增訂二版） | 420 元 |
| 311 | 客戶抱怨手冊 | 400 元 |

| 312 | 如何撰寫職位說明書（增訂二版） | 400 元 |
|---|---|---|
| 313 | 總務部門重點工作（增訂三版） | 400 元 |
| 314 | 客戶拒絕就是銷售成功的開始 | 400 元 |
| 315 | 如何選人、育人、用人、留人、辭人 | 400 元 |
| 316 | 危機管理案例精華 | 400 元 |
| 317 | 節約的都是利潤 | 400 元 |
| 318 | 企業盈利模式 | 400 元 |
| 319 | 應收帳款的管理與催收 | 420 元 |
| 320 | 總經理手冊 | 420 元 |
| 321 | 新產品銷售一定成功 | 420 元 |
| 322 | 銷售獎勵辦法 | 420 元 |
| 323 | 財務主管工作手冊 | 420 元 |
| 324 | 降低人力成本 | 420 元 |
| 325 | 企業如何制度化 | 420 元 |
| 326 | 終端零售店管理手冊 | 420 元 |
| 327 | 客戶管理應用技巧 | 420 元 |
| 328 | 如何撰寫商業計畫書（增訂二版） | 420 元 |
| 329 | 利潤中心制度運作技巧 | 420 元 |
| 330 | 企業要注重現金流 | 420 元 |
| 331 | 經銷商管理實務 | 450 元 |
| 332 | 內部控制規範手冊（增訂二版） | 420 元 |
| 333 | 人力資源部流程規範化管理（增訂五版） | 420 元 |
| 334 | 各部門年度計劃工作（增訂三版） | 420 元 |
| 335 | 人力資源部官司案件大公開 | 420 元 |
| 336 | 高效率的會議技巧 | 420 元 |
| 337 | 企業經營計劃〈增訂三版〉 | 420 元 |
| 338 | 商業簡報技巧（增訂二版） | 420 元 |
| 339 | 企業診斷實務 | 450 元 |

《商店叢書》

| 18 | 店員推銷技巧 | 360 元 |
|---|---|---|
| 30 | 特許連鎖業經營技巧 | 360 元 |
| 35 | 商店標準操作流程 | 360 元 |
| 36 | 商店導購口才專業培訓 | 360 元 |

| 37 | 速食店操作手冊〈增訂二版〉 | 360 元 | | 79 | 連鎖業開店複製流程（增訂二版） | 450 元 |
|---|---|---|---|---|---|---|
| 38 | 網路商店創業手冊〈增訂二版〉 | 360 元 | | | **《工廠叢書》** | |
| 40 | 商店診斷實務 | 360 元 | | 15 | 工廠設備維護手冊 | 380 元 |
| 41 | 店鋪商品管理手冊 | 360 元 | | 16 | 品管圈活動指南 | 380 元 |
| 42 | 店員操作手冊（增訂三版） | 360 元 | | 17 | 品管圈推動實務 | 380 元 |
| 44 | 店長如何提升業績〈增訂二版〉 | 360 元 | | 20 | 如何推動提案制度 | 380 元 |
| 45 | 向肯德基學習連鎖經營〈增訂二版〉 | 360 元 | | 24 | 六西格瑪管理手冊 | 380 元 |
| | | | | 30 | 生產績效診斷與評估 | 380 元 |
| 47 | 賣場如何經營會員制俱樂部 | 360 元 | | 32 | 如何藉助 IE 提升業績 | 380 元 |
| 48 | 賣場銷量神奇交叉分析 | 360 元 | | 46 | 降低生產成本 | 380 元 |
| 49 | 商場促銷法寶 | 360 元 | | 47 | 物流配送績效管理 | 380 元 |
| 53 | 餐飲業工作規範 | 360 元 | | 51 | 透視流程改善技巧 | 380 元 |
| 54 | 有效的店員銷售技巧 | 360 元 | | 55 | 企業標準化的創建與推動 | 380 元 |
| 55 | 如何開創連鎖體系〈增訂三版〉 | 360 元 | | 56 | 精細化生產管理 | 380 元 |
| | | | | 57 | 品質管制手法〈增訂二版〉 | 380 元 |
| 56 | 開一家穩賺不賠的網路商店 | 360 元 | | 58 | 如何改善生產績效〈增訂二版〉 | 380 元 |
| 58 | 商鋪業績提升技巧 | 360 元 | | 68 | 打造一流的生產作業廠區 | 380 元 |
| 59 | 店員工作規範（增訂二版） | 400 元 | | 70 | 如何控制不良品〈增訂二版〉 | 380 元 |
| 61 | 架設強大的連鎖總部 | 400 元 | | 71 | 全面消除生產浪費 | 380 元 |
| 62 | 餐飲業經營技巧 | 400 元 | | 72 | 現場工程改善應用手冊 | 380 元 |
| 64 | 賣場管理督導手冊 | 420 元 | | 77 | 確保新產品開發成功（增訂四版） | 380 元 |
| 65 | 連鎖店督導師手冊（增訂二版） | 420 元 | | | | |
| 67 | 店長數據化管理技巧 | 420 元 | | 79 | 6S 管理運作技巧 | 380 元 |
| 68 | 開店創業手冊〈增訂四版〉 | 420 元 | | 84 | 供應商管理手冊 | 380 元 |
| 69 | 連鎖業商品開發與物流配送 | 420 元 | | 85 | 採購管理工作細則〈增訂二版〉 | 380 元 |
| 70 | 連鎖業加盟招商與培訓作法 | 420 元 | | | | |
| 71 | 金牌店員內部培訓手冊 | 420 元 | | 88 | 豐田現場管理技巧 | 380 元 |
| 72 | 如何撰寫連鎖業營運手冊〈增訂三版〉 | 420 元 | | 89 | 生產現場管理實戰案例〈增訂三版〉 | 380 元 |
| 73 | 店長操作手冊（增訂七版） | 420 元 | | 92 | 生產主管操作手冊（增訂五版） | 420 元 |
| 74 | 連鎖企業如何取得投資公司注入資金 | 420 元 | | 93 | 機器設備維護管理工具書 | 420 元 |
| | | | | 94 | 如何解決工廠問題 | 420 元 |
| 75 | 特許連鎖業加盟合約（增訂二版） | 420 元 | | 96 | 生產訂單運作方式與變更管理 | 420 元 |
| | | | | 97 | 商品管理流程控制(增訂四版) | 420 元 |
| 76 | 實體商店如何提昇業績 | 420 元 | | 101 | 如何預防採購舞弊 | 420 元 |
| 77 | 連鎖店操作手冊（增訂六版） | 420 元 | | 102 | 生產主管工作技巧 | 420 元 |
| 78 | 快速架設連鎖加盟帝國 | 450 元 | | 103 | 工廠管理標準作業流程〈增訂三版〉 | 420 元 |

| 105 | 生產計劃的規劃與執行(增訂二版) | 420 元 |
|---|---|---|
| 107 | 如何推動 5S 管理（增訂六版） | 420 元 |
| 108 | 物料管理控制實務〈增訂三版〉 | 420 元 |
| 109 | 部門績效考核的量化管理（增訂七版） | 420 元 |
| 110 | 如何管理倉庫〈增訂九版〉 | 420 元 |
| 111 | 品管部操作規範 | 420 元 |
| 112 | 採購管理實務〈增訂八版〉 | 420 元 |
| 113 | 企業如何實施目視管理 | 420 元 |
| 114 | 如何診斷企業生產狀況 | 420 元 |
| 115 | 採購談判與議價技巧〈增訂四版〉 | 450 元 |

### 《醫學保健叢書》

| 1 | 9 週加強免疫能力 | 320 元 |
|---|---|---|
| 3 | 如何克服失眠 | 320 元 |
| 5 | 減肥瘦身一定成功 | 360 元 |
| 6 | 輕鬆懷孕手冊 | 360 元 |
| 7 | 育兒保健手冊 | 360 元 |
| 8 | 輕鬆坐月子 | 360 元 |
| 11 | 排毒養生方法 | 360 元 |
| 13 | 排除體內毒素 | 360 元 |
| 14 | 排除便秘困擾 | 360 元 |
| 15 | 維生素保健全書 | 360 元 |
| 16 | 腎臟病患者的治療與保健 | 360 元 |
| 17 | 肝病患者的治療與保健 | 360 元 |
| 18 | 糖尿病患者的治療與保健 | 360 元 |
| 19 | 高血壓患者的治療與保健 | 360 元 |
| 22 | 給老爸老媽的保健全書 | 360 元 |
| 23 | 如何降低高血壓 | 360 元 |
| 24 | 如何治療糖尿病 | 360 元 |
| 25 | 如何降低膽固醇 | 360 元 |
| 26 | 人體器官使用說明書 | 360 元 |
| 27 | 這樣喝水最健康 | 360 元 |
| 28 | 輕鬆排毒方法 | 360 元 |
| 29 | 中醫養生手冊 | 360 元 |
| 30 | 孕婦手冊 | 360 元 |
| 31 | 育兒手冊 | 360 元 |
| 32 | 幾千年的中醫養生方法 | 360 元 |

| 34 | 糖尿病治療全書 | 360 元 |
|---|---|---|
| 35 | 活到 120 歲的飲食方法 | 360 元 |
| 36 | 7 天克服便秘 | 360 元 |
| 37 | 為長壽做準備 | 360 元 |
| 39 | 拒絕三高有方法 | 360 元 |
| 40 | 一定要懷孕 | 360 元 |
| 41 | 提高免疫力可抵抗癌症 | 360 元 |
| 42 | 生男生女有技巧〈增訂三版〉 | 360 元 |

### 《培訓叢書》

| 11 | 培訓師的現場培訓技巧 | 360 元 |
|---|---|---|
| 12 | 培訓師的演講技巧 | 360 元 |
| 15 | 戶外培訓活動實施技巧 | 360 元 |
| 17 | 針對部門主管的培訓遊戲 | 360 元 |
| 21 | 培訓部門經理操作手冊（增訂三版） | 360 元 |
| 23 | 培訓部門流程規範化管理 | 360 元 |
| 24 | 領導技巧培訓遊戲 | 360 元 |
| 26 | 提升服務品質培訓遊戲 | 360 元 |
| 27 | 執行能力培訓遊戲 | 360 元 |
| 28 | 企業如何培訓內部講師 | 360 元 |
| 31 | 激勵員工培訓遊戲 | 420 元 |
| 32 | 企業培訓活動的破冰遊戲（增訂二版） | 420 元 |
| 33 | 解決問題能力培訓遊戲 | 420 元 |
| 34 | 情商管理培訓遊戲 | 420 元 |
| 35 | 企業培訓遊戲大全(增訂四版) | 420 元 |
| 36 | 銷售部門培訓遊戲綜合本 | 420 元 |
| 37 | 溝通能力培訓遊戲 | 420 元 |
| 38 | 如何建立內部培訓體系 | 420 元 |
| 39 | 團隊合作培訓遊戲(增訂四版) | 420 元 |
| 40 | 培訓師手冊（增訂六版） | 420 元 |

### 《傳銷叢書》

| 4 | 傳銷致富 | 360 元 |
|---|---|---|
| 5 | 傳銷培訓課程 | 360 元 |
| 10 | 頂尖傳銷術 | 360 元 |
| 12 | 現在輪到你成功 | 350 元 |
| 13 | 鑽石傳銷商培訓手冊 | 350 元 |
| 14 | 傳銷皇帝的激勵技巧 | 360 元 |
| 15 | 傳銷皇帝的溝通技巧 | 360 元 |
| 19 | 傳銷分享會運作範例 | 360 元 |

| 20 | 傳銷成功技巧（增訂五版） | 400 元 |
|---|---|---|
| 21 | 傳銷領袖（增訂二版） | 400 元 |
| 22 | 傳銷話術 | 400 元 |
| 23 | 如何傳銷邀約 | 400 元 |

## 《幼兒培育叢書》

| 1 | 如何培育傑出子女 | 360 元 |
|---|---|---|
| 2 | 培育財富子女 | 360 元 |
| 3 | 如何激發孩子的學習潛能 | 360 元 |
| 4 | 鼓勵孩子 | 360 元 |
| 5 | 別溺愛孩子 | 360 元 |
| 6 | 孩子考第一名 | 360 元 |
| 7 | 父母要如何與孩子溝通 | 360 元 |
| 8 | 父母要如何培養孩子的好習慣 | 360 元 |
| 9 | 父母要如何激發孩子學習潛能 | 360 元 |
| 10 | 如何讓孩子變得堅強自信 | 360 元 |

## 《成功叢書》

| 1 | 猶太富翁經商智慧 | 360 元 |
|---|---|---|
| 2 | 致富鑽石法則 | 360 元 |
| 3 | 發現財富密碼 | 360 元 |

## 《企業傳記叢書》

| 1 | 零售巨人沃爾瑪 | 360 元 |
|---|---|---|
| 2 | 大型企業失敗啟示錄 | 360 元 |
| 3 | 企業併購始祖洛克菲勒 | 360 元 |
| 4 | 透視戴爾經營技巧 | 360 元 |
| 5 | 亞馬遜網路書店傳奇 | 360 元 |
| 6 | 動物智慧的企業競爭啟示 | 320 元 |
| 7 | CEO 拯救企業 | 360 元 |
| 8 | 世界首富　宜家王國 | 360 元 |
| 9 | 航空巨人波音傳奇 | 360 元 |
| 10 | 傳媒併購大亨 | 360 元 |

## 《智慧叢書》

| 1 | 禪的智慧 | 360 元 |
|---|---|---|
| 2 | 生活禪 | 360 元 |
| 3 | 易經的智慧 | 360 元 |
| 4 | 禪的管理大智慧 | 360 元 |
| 5 | 改變命運的人生智慧 | 360 元 |
| 6 | 如何吸取中庸智慧 | 360 元 |
| 7 | 如何吸取老子智慧 | 360 元 |
| 8 | 如何吸取易經智慧 | 360 元 |
| 9 | 經濟大崩潰 | 360 元 |

| 10 | 有趣的生活經濟學 | 360 元 |
|---|---|---|
| 11 | 低調才是大智慧 | 360 元 |

## 《DIY 叢書》

| 1 | 居家節約竅門 DIY | 360 元 |
|---|---|---|
| 2 | 愛護汽車 DIY | 360 元 |
| 3 | 現代居家風水 DIY | 360 元 |
| 4 | 居家收納整理 DIY | 360 元 |
| 5 | 廚房竅門 DIY | 360 元 |
| 6 | 家庭裝修 DIY | 360 元 |
| 7 | 省油大作戰 | 360 元 |

## 《財務管理叢書》

| 1 | 如何編制部門年度預算 | 360 元 |
|---|---|---|
| 2 | 財務查帳技巧 | 360 元 |
| 3 | 財務經理手冊 | 360 元 |
| 4 | 財務診斷技巧 | 360 元 |
| 5 | 內部控制實務 | 360 元 |
| 6 | 財務管理制度化 | 360 元 |
| 8 | 財務部流程規範化管理 | 360 元 |
| 9 | 如何推動利潤中心制度 | 360 元 |

為方便讀者選購,本公司將一部分上述圖書又加以專門分類如下:

## 《主管叢書》

| 1 | 部門主管手冊（增訂五版） | 360 元 |
|---|---|---|
| 2 | 總經理手冊 | 420 元 |
| 4 | 生產主管操作手冊（增訂五版） | 420 元 |
| 5 | 店長操作手冊（增訂六版） | 420 元 |
| 6 | 財務經理手冊 | 360 元 |
| 7 | 人事經理操作手冊 | 360 元 |
| 8 | 行銷總監工作指引 | 360 元 |
| 9 | 行銷總監實戰案例 | 360 元 |

## 《總經理叢書》

| 1 | 總經理如何經營公司(增訂二版) | 360 元 |
|---|---|---|
| 2 | 總經理如何管理公司 | 360 元 |
| 3 | 總經理如何領導成功團隊 | 360 元 |
| 4 | 總經理如何熟悉財務控制 | 360 元 |
| 5 | 總經理如何靈活調動資金 | 360 元 |
| 6 | 總經理手冊 | 420 元 |

## 《人事管理叢書》

| 1 | 人事經理操作手冊 | 360 元 |
|---|---|---|

| 2 | 員工招聘操作手冊 | 360 元 |
|---|---|---|
| 3 | 員工招聘性向測試方法 | 360 元 |
| 5 | 總務部門重點工作（增訂三版） | 400 元 |
| 6 | 如何識別人才 | 360 元 |
| 7 | 如何處理員工離職問題 | 360 元 |
| 8 | 人力資源部流程規範化管理（增訂四版） | 420 元 |
| 9 | 面試主考官工作實務 | 360 元 |
| 10 | 主管如何激勵部屬 | 360 元 |
| 11 | 主管必備的授權技巧 | 360 元 |
| 12 | 部門主管手冊（增訂五版） | 360 元 |

### 《理財叢書》

| 1 | 巴菲特股票投資忠告 | 360 元 |
|---|---|---|
| 2 | 受益一生的投資理財 | 360 元 |
| 3 | 終身理財計劃 | 360 元 |
| 4 | 如何投資黃金 | 360 元 |
| 5 | 巴菲特投資必贏技巧 | 360 元 |

| 6 | 投資基金賺錢方法 | 360 元 |
|---|---|---|
| 7 | 索羅斯的基金投資必贏忠告 | 360 元 |
| 8 | 巴菲特為何投資比亞迪 | 360 元 |

### 《網路行銷叢書》

| 1 | 網路商店創業手冊〈增訂二版〉 | 360 元 |
|---|---|---|
| 2 | 網路商店管理手冊 | 360 元 |
| 3 | 網路行銷技巧 | 360 元 |
| 4 | 商業網站成功密碼 | 360 元 |
| 5 | 電子郵件成功技巧 | 360 元 |
| 6 | 搜索引擎行銷 | 360 元 |

### 《企業計劃叢書》

| 1 | 企業經營計劃〈增訂二版〉 | 360 元 |
|---|---|---|
| 2 | 各部門年度計劃工作 | 360 元 |
| 3 | 各部門編制預算工作 | 360 元 |
| 4 | 經營分析 | 360 元 |
| 5 | 企業戰略執行手冊 | 360 元 |

請保留此圖書目錄：

　　　未來在長遠的工作上，此圖書目錄

可能會對您有幫助！！

# 在海外出差的‥‥‥‥
# 台灣上班族

　　愈來愈多的台灣上班族，到大陸工作（或出差），
對工作的努力與敬業，是台灣上班族的核心競爭力；一個
明顯的例子，返台休假期間，台灣上班族都會抽空再買
書，設法充實自身專業能力。

　　[憲業企管顧問公司]以專業立場，為企業界提供最專
業的各種經營管理類圖書。

　　85%的台灣上班族都曾經有過購買（或閱讀）[憲業企
管顧問公司]所出版的各種企管圖書。

　　尤其是在競爭激烈或經濟不景氣時，更要加強投資在
自己的專業能力，建議你：

　　工作之餘要多看書，加強競爭力。

# 建立企業圖書館

當市場競爭激烈時：

# 培訓員工，強化員工競爭力
# 是企業最佳對策

「人才」是企業最大的財富。如何提升人才，是企業永續經營、戰勝對手的核心競爭力。積極培訓公司內部員工，是經濟不景氣時期的最佳戰略，而最快速的具體作法，就是「建立企業內部圖書館，鼓勵員工多閱讀、多進修專業書籍」

建議您：請一次購足本公司所出版各種經營管理類圖書，作為貴公司內部員工培訓圖書。 使用率高的（例如「贏在細節管理」），準備 3 本；使用率低的（例如「工廠設備維護手冊」），只買 1 本。

商店叢書 ⑦⑨　　　　　　　　　售價：450 元

# 連鎖業開店複製流程（增訂二版）

西元二〇一三年十二月　　　　　初版一刷
西元二〇一七年五月　　　　　　初版二刷
西元二〇二一年二月　　　　　　增訂二版一刷

編著：趙永光(杭州)　　陳立國(南寧)　　黃憲仁(臺北)

策劃：麥可國際出版有限公司（新加坡）

編輯：蕭玲

校對：劉飛娟

發行人：黃憲仁

發行所：憲業企管顧問有限公司

電話：(02) 2762-2241　　(03) 9310960　　0930872873

電子郵件聯絡信箱：huang2838@yahoo.com.tw

銀行 ATM 轉帳：合作金庫銀行　　帳號：5034-717-347447

郵政劃撥：18410591　　憲業企管顧問有限公司

江祖平律師顧問：紙品書、數位書著作權與版權均歸本公司所有

登記證：行政業新聞局版台業字第 6380 號

**本公司徵求海外版權出版代理商 （0930872873）**

本圖書是由憲業企管顧問（集團）公司所出版，以專業立場，為企業界提供最專業的各種經營管理類圖書。

圖書編號 ISBN：978-986-369-096-2